Reiten
als Spiegel des Herzens

INA RUSCHINSKI

Reiten–
als Spiegel des Herzens

Über die tiefe und achtsame Verbindung mit dem Pferd

CRYSTAL

Haftungsausschluss

Autorin und Verlag weisen darauf hin, dass die in diesem Buch beschriebenen Trainingseinheiten keine Alternative zu professionellem Reitunterricht darstellen. Die Autorin weist darauf hin, dass es in allen Fällen zur Sicherheit beiträgt einen Reithelm zu tragen, auch wenn das auf den abgebildeten Fotos nicht der Fall ist. Autorin und Verlag lehnen jegliche Schadenersatzforderungen ab, die auf Unfälle, Verletzungen oder sonstige Schäden gründen, die im Zusammenhang mit einem der in diesem Buch beschriebenen Trainingsvorschläge entstanden sind. Es wird für Ungenauigkeiten oder eventuelle Fehler keine Haftung übernommen.

Impressum

Copyright © 2015 by Crystal Verlag, Wentorf bei Hamburg
Gestaltung und Satz: Crystal Design, Wentorf bei Hamburg
Titelfoto: Slawik.com
Fotos im Innenteil: Carina Leithold Seiten 20, 22, 27, 30 und 72, slawik.com Seite 79, alle anderen Fotos von Ina Ruschinski und Anne Markos.
Druck: Grafisches Centrum Cuno GmbH & Co KG, Calbe

Deutsche Nationalbibliothek – CIP-Einheitsaufnahme
Die deutsche Nationalbibliothek verzeichnet diese Publikation in der deutschen Nationalbibliografie, detaillierte bibliografische Daten sind im Internet über http://dnb.ddb.de abrufbar.

Printed in Germany

ISBN: 978-3-95847-006-4

Inhalt

Vorwort

Einige Jahre sind vergangen, seit mein Buch *Dein Pferd – Spiegel deiner Seele* erschien. Seit dieser Zeit ist viel passiert. Ich musste Pferdegefährten verabschieden und über die Regenbogenbrücke begleiten. Und es gab auch wiederum Pferde, die mich zu einem lang ersehnten neuen Schritt im Leben schubsten.

Doch nicht nur bei mir ist viel geschehen. Ich habe in den letzten Jahren unglaublich viele schöne und tief berührende E-Mails von Leserinnen und Lesern bekommen, die ich manchmal am PC mit Tränen las. Kleine Geschichten über die Liebe und das Band, das Pferd und Mensch verbindet, das vielleicht manchmal strapaziert und überstrapaziert wird und doch nie gänzlich reißt, sondern heilt und dadurch noch stärker wird. Geschichten, die Wundern gleichen, so sehr, dass ich mich über gar nichts mehr wundere.

Pferde haben eine Magie, eine Weisheit, die sich uns vielleicht nie ganz erschließen wird. Nehmen wir es so hin. Denn dafür sind Wunder ja da – dass wir sie nicht begreifen, sondern nur demütig annehmen.

Ich bedanke mich hier an dieser Stelle für all die wundersamen Geschehnisse zwischen Pferden und ihren Menschen, die ich erzählt und geschrieben bekam!

Wollen wir in diesem Buch ein weiteres Stückchen
zusammen wandern?

Pferde sind es gewohnt, viele weite Wege zu gehen, und wir Menschen, die ihnen verfallen sind, gehen mit. Müssen mit! Weite Strecken zurücklegen, holprige Wege beschreiten, Kurven bewältigen, Stolpersteine forträumen, uns in letzter Sekunde vor verletzenden Ästen ducken, an Weggabelungen ratlos stehen und entscheiden müssen.

Was sind die Pferde für uns? Was sind wir ihnen? Wie wirken sie auf uns, auf unsere Seele, auf unser So-Sein und letztendlich auf unseren Lebensweg ein?

Vielleicht werden Sie sich das selbst jetzt gerade fragen: Wie beeinflussen Pferde meinen Lebensweg?

Ich kann das für mich beantworten. Alles, was ich tue, was ich bin, was ich bisher in meinem Leben schaffte, wurde von Pferden begleitet, unterstützt und mitunter sogar forciert.

Mein Beruf mit Pferden und Kindern, meine Schriftstellerinnenarbeit, mein spiritueller Lebensweg, meine Lebensliebe.

Dein Pferd, Spiegel deiner Seele? Ja, ganz sicher! Wie ist es bei Ihnen? Inwiefern haben die Pferde Ihr Leben bis hierher geleitet?

Eine wichtige Frage wurde und wird mir oft gestellt:
Ist es spirituell, mit Pferden zusammen zu sein?

Ich finde, Spiritualität kann man nicht wollen, nur zulassen. Oder eben auch nicht.

Und so ist es mit den Pferden und ihrer „Magie" auf uns. Man kann ihnen den Raum geben und sie unsere Seele berühren lassen. Und dann passiert es, dass manchmal seltsame Dinge geschehen. Man beginnt sich selbst besser kennenzulernen und zu erfahren. Die Frage: Wer bin ich?, bekommt mit Pferden eine ganz eigene Bedeutung.

Und auch der Gedanke: Was will ich noch in diesem Leben – mit und ohne Pferde? Vielleicht tun sich Wünsche nach Veränderung auf. Der Wunsch, endlich so sein zu können und so zu leben, wie man es als Sehnsucht in seinem Innersten spürt.

Und in diesem Prozess sind Pferde immer dabei. Schauen uns über die Schulter, verlangen nach Aufmerksamkeit, wenn wir abwesend sind, stupsen uns auf unseren Weg zurück und werfen uns unsanft ab, wenn wir uns mal wieder vergaloppiert haben.

Sie können uns Lebenslehrer sein, das Herz öffnen, den Geist und den Willen – wenn wir es denn zulassen.

Sicher, man kann auch ohne Pferde leben –
ich kann es nicht. Können Sie es?

Und so sind wir bei dem Thema, das uns seit Jahrtausenden so eng mit den Pferden verbindet und so viele Fragen, Blickwinkel, Gefühle, Motivationen und Verirrungen aufwirft.

Wir, die wir die Pferde lieben und uns eines unter erheblichem Kostenaufwand leisten, tun dies nicht nur um der Pferde selbst willen, ob ihres schönen Anblicks (und sicher gibt es tatsächlich etliche Ausnahmen, die Pferde aufgrund dessen besitzen), sondern weil wir den Wunsch hegen, sie zu reiten, auf ihnen zu sitzen und getragen zu werden. Und viele selbstkritische Menschen denken jetzt eventuell: Na ja, es ist wohl manchmal eher ein *Er*tragen.

Mich fragte ein zehnjähriges Mädchen, ob es nicht Tierquälerei sei, ein Pferd zu reiten. Ganz unvorbelastet und reinen Wesens fragte sie sich das und letztendlich dann auch mich. Ich fand ihre Bewusstheit, ihren weitsichtigen Blick bemerkenswert. So begannen wir gemeinsam herauszuarbeiten, was denn ethisch vertretbar sei, wenn man Pferde reitet. Wir alle haben vielleicht schon einmal den Satz gehört, dass Pferde nicht zum Reiten geboren wurden. Doch noch weniger wurden sie geschaffen, um für unser unreflektiertes Vergnügen herzuhalten oder schlimmstenfalls sogar für das Ausleben unserer Schattenseiten – für unser Ego.

Das Pferd muss auch „Ja" sagen dürfen, wenn man es reitet, aber eben auf seine Art und Weise, befand das Mädchen. Ich stimmte zu. „Doch wie stelle ich das fest?", wollte es weiter wissen.

Ich antwortete, dass sie den Menschen auf ihren Pferden beim Reiten zuschauen solle. Dann, so sei ich mir sicher, würde sie das erkennen.

Auch bei sich selbst, wenn sie auf dem Rücken eines Ponys sitze, solle sie darauf achten, was das Tier ihr signalisiert und auf seine Weise zurückmeldet. So könne sie feststellen, ob sie beide eine gemeinsame Sprache gefunden hätten, die sich in freudiger Bewegung ausdrückt. Kinder verstehen das zum Glück sehr schnell.

Und auch Menschen, die so rein gar nichts mit Pferden zu tun haben, können meines Erachtens sehr gut erkennen, ob „Reiten" schön anzusehen ist und eine Harmonie besteht oder nicht. Das stelle ich immer wieder fest und registriere Anmerkungen im Publikum, die sehr interessant und aussagekräftig sind. Der Blick reitunerfahrener Zu-

schauer und Zuschauerinnen ist noch nicht getrübt von eigenen Vergleichen, Erfahrungen und vermeintlichem Wissen, wie etwas beim Reiten zu sein hat. Sie sehen einfach, ob es ein schönes Miteinander zwischen Mensch und Pferd gibt, ob sie eins sind oder eben nicht.

Das Pferd soll die Möglichkeit haben, Ja zu dem Menschen auf seinem Rücken zu sagen.

Das wäre fürwahr eine gute Sache. Das würde so manchem Pferd erhebliche Qualen ersparen, wenn das ein grundsätzlich anzulegender Maßstab wäre.

Gehen wir doch einmal gedanklich gemeinsam zu einem unserer letzten Besuche einer Pferdeveranstaltung. Zu einem Reitturnier, einer Pferdemesse oder auch nur zu einem Reitstall in der Nähe. Versuchen Sie sich an die Mimik und die Körpersprache der Pferde zurückzuerinnern. Wie viele Ja von Pferden zu ihren Reitern und Reiterinnen fallen Ihnen da ein?

Es ist aufschlussreich und leider auch so traurig.

Interessant ist in diesem Zusammenhang auch, dass man das Ja nicht nur in der Mimik des Pferdes meist vergeblich sucht, sondern auch in der angespannten Miene der reitenden Menschen. Erstaunlich, wie wenig gelöste, glücklich lächelnde Menschen man im Sattel sieht. Und das, wo doch Reiten angeblich zu absoluter Glückseligkeit führen soll. Dein Pferd – Spiegel deiner Seele …

Ich musste das Mädchen dann leider zum Teil bestätigen: Viel Reiterei, die wir sehen, ob im Fernsehen oder wo auch immer, kommt der Tierquälerei gefährlich nahe. Nein, ich muss mich verbessern: empfinde ich persönlich als Quälerei.

Aber zum Glück gibt es sie noch, die Pferd-Mensch-Paare, bei deren Anblick uns das Herz aufgeht!

Kinder zum Beispiel, die noch nicht durch falschen Ehrgeiz (meistens ausgelöst von den Eltern) verkrampft wurden und in reine Freude und Begeisterung auf dem Pferderücken ausbrechen. Erwachsene, Späteinsteiger, die das Glück, vom Pferd getragen zu werden, noch rein und vor allem auch dankbar empfinden – bevor sie dann, in der Mühle des Reitunterrichts, von diesen Gefühlen mehr und mehr entfremdet werden. Berührend ist auch zu sehen, wenn Menschen durch Reittherapie einen tiefen Zugang zu Freude, Vertrauen, Nähe und zu ihrem wahren Sein erleben dürfen, immer vorausgesetzt, das Pferd geht genauso gestärkt aus dieser Einheit heraus.

Und nicht zuletzt auch die Reitkünstler, die es verstehen, das Pferd unter ihnen in Ausdruck und Schönheit „wachsen" zu lassen, weil die Kunst nicht in dem Abrufen von Lektionen steckt, sondern in der Kommunikation zweier so unterschiedlicher Wesen, die sich in einer fließenden gemeinsamen Bewegung freudig ausdrückt.

Menschen, die offenen Herzens ihre Pferde reiten, egal, auf welcher Stufe des Könnens sie sich auch immer befinden.

Man erkennt es an der Energie, die Pferd und Mensch miteinander verbindet und der man sich nicht entziehen kann – weil sie einen anrührt.

Die gemeinsame Schwingung zwischen Mensch und Pferd, die man spürt und sieht. Ich bin jedes Mal wieder fasziniert, wenn ich solche Paare erleben darf: Der Mensch sitzt mit reiner Liebe zu seinem Pferd im Sattel und jede seiner Handlungen und Gedanken sind geprägt von dieser hohen Energie. Das Pferd fühlt sich sichtlich wohl in der Verschmelzung mit seinem Menschen, „schwebt" in dieser gemeinsamen Schwingung über den Boden dahin und sucht im Kopf seines Menschen nach der nächsten Aufgabe, die sie zusammen tun wollen, ja, es kommt seiner Idee förmlich zuvor.

Wenn man sein Herz dem Pferd bedingungslos öffnet,
beim Reiten oder bei was auch immer, dann wird man
niemals schlecht handeln.

Und das meine ich wortgetreu. Ein Mensch, der offenen Herzens ist, schützt sich selbst und seine Handlungen vor Negativität. Die so oft zitierte Führungskraft, die man in der Beziehung mit und auf dem Pferd sein soll, bleibt stets liebevoll und fair.

Das Gegenteil allerdings bedeutet, dass kein Pferd Ja zu einem Menschen sagt, der sich ihm gegenüber aggressiv, abwertend oder demütigend verhält.

Und mal ganz ehrlich, wenn man Reiten als eine Art Liebesbeziehung versteht, würden Sie zu solch einem Partner Ja sagen?

Pferde haben kein Interesse an einem Menschen, der mit solch einer Energie in ihrer Nähe agiert. Sie wollen sich diesem Menschen, wenn es irgend geht, nur ganz schnell wieder entziehen oder ihn gar von ihrem Rücken hinunter haben. Und falls dies den Pferden nicht möglich ist, ertragen sie ihn eben stillschweigend – weil es ihnen so „beigebracht" wurde.

Ein anderes sensibles Thema in diesem Zusammenhang ist, wie Pferde einen Menschen auf ihrem Rücken empfinden, der restlos dem Gefühl seiner Angst erlegen ist. Kann sich ein Pferd da sicher fühlen und ihm „sein Leben" vertrauensvoll hingeben? Sicher nicht. Kann es sich wohlfühlen unter ihm? Durchaus möglich. Das muss allerdings jeder Mensch, der zu großer Angst neigt, für sein eigenes Pferd selbst beantworten. Vielleicht werden manche Pferde der Angstenergie entgehen wollen, was wiederum die Angst seines Menschen fördert und gegenseitiges Vertrauen immer schwieriger macht.

Doch viele Pferde können auch lernen, der Angst des Menschen im Sattel keine übergroße Bedeutung beizumessen. Pferde, die ausgeglichen in sich ruhen und – das ist sehr wichtig – eine sichere und vertraute Umgebung mit anderen Pferden um sich haben, können die Angst des Menschen ausgleichen. Das sieht man zum Beispiel bei Therapiepferden. Doch gerade für diese Arbeit muss sich ein Pferd mit einem deutlichen Ja entscheiden dürfen.

Und es gibt die Pferd-Mensch-Beziehungen, in denen das Pferd trotz der häufig mitschwingenden Angst Ja zu diesem seinem Menschen sagt – eben weil es eine Verbindung zwischen ihnen beiden gibt, die größer ist als das Gefühl der Angst.

Angst ist ein großes, allgegenwärtiges Thema. Dem ist in diesem Buch ein ausführliches Kapitel gewidmet, in der Hoffnung, einigen Menschen, die das Thema „Angst am Pferd" nur allzu gut kennen und erleben, Hilfen und Sichtweisen anzubieten.

Doch zurück zum Reiten, das heute so vielfältig geworden ist. Und glücklicherweise gibt es viele interessante, kompetente Menschen, die neue Ideen und Ansätze in die Reiterei bringen. Viele von ihnen

veröffentlichen ganz wunderbare Lektüren über die Reitkunst. Ich habe dem gar nichts hinzuzufügen – was die gymnastische Ausbildung oder die muskuläre Formgebung des Pferdes angeht.

Wenn man ein Pferd hat und es reiten möchte, wird man automatisch zur Trainerin oder zum Trainer seines Pferdes. Nur so ein bisschen draufsitzen und am langen Zügel herumschlendern kann auf lange Sicht gesundheitliche Schäden des Pferdes mit sich bringen oder auch für einen selbst im Gelände zur Gefahr werden. Das Pferd kann durch Balanceprobleme auch in der langsamsten Gangart ins Stolpern kommen und sich überschlagen. Es gibt andere Länder und Reitkulturen, wo Pferde völlig außerhalb aller gesundheitlichen Aspekte geritten werden und trotzdem gesund steinalt werden können. Ich will das an dieser Stelle nicht befürworten. Ich selbst halte eine Ausbildung unter dem Aspekt des gesunden Reitens für wichtig.

Doch mal ganz ehrlich: Wie stellt man das wirklich an? Die Dressur soll das Pferd im Sinne einer langen Gesundheit als Reitpferd schulen, heißt es.

Leider kenne ich sehr viele Beispiele von Pferden, die gerade durch die gängige Dressurreiterei Schaden genommen haben. Es ist ein Dilemma, ein sehr gefährlich schmaler Grat, wenn man beginnt, sein Pferd zu trainieren. Das Pferd muss gewisse gymnastische Übungen erlernen und ausführen können, um Muskulatur locker aufzubauen und dadurch sein Gleichgewicht schadlos unter dem Menschen (wieder) zu finden.

Also begibt man sich allein oder mit dem Reitlehrer oder der Reitlehrerin, höchstwahrscheinlich sogar mit vielen verschiedenen, auf den Weg dorthin. Das Pferd macht schön mit, es fühlt sich gut an, man möchte weiterkommen. Man hat Freude am Üben jener Lektionen, die irgendwann von der bestehenden klassischen Reitlehre als wichtig erachtet wurden und sozusagen der Maßstab in der Stufe der Ausbildung sind. Bis irgendwann die Lektionen selbst nur noch wichtig sind. Das krönende Ziel der Versammlung immer im Hinterkopf, ist man fleißig am „Arbeiten" (Dieses Wort als Definition für Reiten zu verwenden, finde ich bedenklich. Was verbindet man mit dem Wort Arbeit? Sicher nicht Spiel, Leichtigkeit, Absichtslosigkeit, sich Treiben lassen in der gemeinsamen Zeit mit dem Pferd ...) und stellt dann plötzlich fest, dass man das Pferd irgendwann leider kaputt geritten hat ...

* weil der Ausbildungsweg für das eigene Pferd eben nicht der richtige war,
* weil man bei irgendwelchen Lektionen wahrscheinlich ein paar Fehler machte?
* weil das Pferd nicht ganz perfekt im Körperbau ist und man einfach Pech hatte,
* oder weil man zu ehrgeizig war!

Dabei wollte man alles richtig machen ... Okay, einige Lektionen waren überflüssig für das Pferd, machten aber so viel Spaß. Hier ein paar Sliding Stops zu viel, dort ein paar Sprünge zu viel, zu viel Passage und Pirouetten, und der Tagesausritt war wohl doch ein wenig zu lang oder der Boden zu tief.

Aber die ganze Pferdewelt sagt, ein Pferd sollte dieses und jenes können, um als gut ausgebildet zu gelten.

Und wie schön ist es, wenn ein Westernpferd, das extra dafür gezüchtet wurde, mit flachen Gängen sparsam zu laufen, um Gelenke, Sehnen und Kraft zu schonen, mühsam eine Passage über den spanischen Trab erlernt und dann tatsächlich doch die Beinchen fein hoch anhebt. Physiologisch nicht ganz unbedenklich für den Bewegungsapparat. Genauso wie bei dem schweren Haflinger, der sich als Western-Reining-Talent entpuppt und etliche Stops und Spins später unter Umständen starke Arthrosen in den Sprunggelenken hat.

Ich spreche hier nicht mal über die ganz offensichtlichen Fälle von Gewaltreiterei, wo Menschen ihre Pferde mit Rollkur und Schlaufzügeln zuschanden reiten. Oder Jungpferde in hochdotierten und alle Sparten der Reiterei betreffenden Prüfungen wie auswechselbares Material verheizen. Oder Gangpferde mit wenig pferdefreundlichen Hilfsmitteln an den Beinen drangsalieren. Oder … oder … oder …

Ich denke an die vielen Pferdemenschen, die es eigentlich gut meinen mit der Ausbildung ihres Tiers und sich doch irgendwann fragen müssen: An welchem Punkt habe ich den Pfad verlassen, an dem ich mein Pferd nicht mehr gesund erhaltend ritt, sondern die Dressur oder meine Reiterei umkehrte zu einer verschleißenden Gefahr?

Ich frage mich das häufig, und nicht nur bei den eigenen Pferden. Ich habe leider viel gesehen und erlebt in den letzten Jahren und mir sind einige traurige Fälle begegnet.

Ich nenne hier mal ein anderes Beispiel und lasse es einfach mal so stehen:

Seit zwanzig Jahren arbeite ich in der pferdegestützten Pädagogik. Kinder und Jugendliche können mithilfe unserer Ponys in ihrer Persönlichkeit wachsen, zu bewussten, reflektierten, liebesfähigen und verantwortlichen Menschen heranreifen und lernen nebenbei noch ziemlich gut reiten. Vier wunderbare Ponys sind dabei meine unterstützenden Kollegen. Unser Ältester, ein Fjordpferd, ist leider vor Kurzem dreißigjährig gestorben. Er hat seine Arbeit bis zuletzt getan und hatte nie gesundheitliche Probleme, nicht eine Lahmheit in all der Zeit. Und auch die anderen Ponys haben in den Jahren, in denen ich diese Arbeit nun schon mache, nie gelahmt, hatten keine Sehnen-

und keine Gelenkprobleme. Wie kann das sein? Die Ponys leben weitestgehend artgerecht in einem großen Offenstall mit Sandauslauf. Sie werden von montags bis freitags zwischen vier und fünf Uhr für eine Stunde im Schritt, Trab und Galopp geritten, hinzu kommt eine gründliche Bodenarbeit und manchmal ein bisschen Über-Cavaletti-Springen. Ich longiere sie gelegentlich, schule sie ab und zu an der Hand und spiele mit ihnen. Samstag und Sonntag haben sie frei von uns. Das ist ihr ritualisierter Wochenablauf.

Die Ponys werden von den Kindern viel in Zirkeln und Volten geritten, in Selbsthaltung am losen Zügel, zumeist gebisslos. Und sie sind durchweg alle ausbalanciert und mehr oder weniger geradegerichtet. Sie gehen im Takt und sind losgelassen. Sie haben keine Sättel, nur Reitpads, und auch keine Rückenprobleme. Sie kennen keine weiterführenden Dressurlektionen und gehen auch keine großen Ausritte. Das ist nicht repräsentativ, ich weiß. Es ist auch nur ein kleines Beispiel dafür, wie gesunderhaltendes Reiten vielleicht auch aussehen könnte. Und es regt zum Nachdenken darüber an, wie viel oder besser wie wenig wirklich nötig ist, um ein Pferd lange schadlos zu reiten, beziehungsweise wann es sich ins Gegenteil umkehren kann, weil unser Ego vielleicht zu begeistert vom Einpauken überflüssiger Lektionen ist.

Wir allein müssen das entscheiden und verantworten, wenn wir unsere Pferde reiten.

Ich möchte Sie an dieser Stelle gern etwas fragen:

* Welches Gefühl ist Ihnen am bewusstesten, wenn Sie
  Ihr Pferd reiten?
* Empfinden Sie Liebe und Freude auf dem Rücken Ihres Pferdes?
* Spüren Sie deutlich, dass Sie sich mit Ihrem Pferd in eine gemeinsame Energie begeben und geradezu darin versinken?
* Haben Sie das Gefühl, Ihr Pferd sagt Ja zu Ihnen?

Als Nächstes fragen Sie einmal Ihr Pferd. Und geben Sie selbst die Antwort für Ihr Tier. Ich denke, Sie sind vertraut genug miteinander, dass Sie das dürfen:

* Magst du die gemeinsamen Bewegungseinheiten mit mir?
* Was könnte ich anders/besser machen?
* Gibt es etwas, das dich sehr stört?
* Was macht dir am meisten Spaß und was kommt dir und
  deinen Fähigkeiten am ehesten entgegen?
* Sagst du Ja zu mir?

Nach diesen Fragen bewegt einen unter Umständen so mancher Gedanke.

Nun habe ich Sie vielleicht in einen Dialog mit sich selbst geführt. Wie auch immer dieser sich gestaltete oder auch noch nachwirkt, möglicherweise haben Sie anhand der Fragen gespürt, dass es irgendwo in der angestrebten vollkommenen Harmonie mit Ihrem Pferd noch ein klein wenig hakt. Vielleicht auch nicht, dann ziehe ich den Hut vor Ihrer Meisterlichkeit. Wenn aber hier und da noch ein bisschen daran fehlt, würde ich Ihnen beiden gern helfen, über ein paar holprige Steine hinwegzukommen.

Was benötigt man für „gutes Reiten"?

Ja, Sie brauchen Wissen:

* über die Biomechanik Ihres Pferdes und welche Muskeln Sie mit welchen Übungen stärken können,
* über Anatomie und die Möglichkeit, von den Hufen über die Beine, den Rücken bis zum Hals, Genick, Kopf einschätzen zu können, was für das Pferd leistbar ist aufgrund seiner körperlichen Gegebenheiten,
* über passende Ausrüstung und wie diese auf das Pferd einwirkt.
* Sie müssen lernen, die Länge einer Reiteinheit für das jeweilige Pferd einzuschätzen, um nicht über seine mentalen und körperlichen Grenzen zu gehen. Dasselbe gilt auch für Sie selbst und Ihre Grenzen!
* Sie brauchen Wissen über feine bis allerfeinste Hilfengebung.
* Sie brauchen viel Gefühl, Timing, Koordination und ein gewisses Maß an Ausdauer,
* Verantwortlichkeit für sich und für Ihr Pferd,
* eine geschmeidige Balance auf dem Pferderücken sowie eine innere und äußere Losgelassenheit, damit sich auch Ihr Pferd unter Ihnen loslassen kann.

Und sicher habe ich noch ein paar wichtige Punkte außer Acht gelassen, die Ihnen einfallen.

Kaum zu schaffen, oder? Das sind hohe Ansprüche, ich weiß. Sehen Sie den Weg dahin als einen intensiven, spannenden und lebensbereichernden Prozess, der sehr erfüllend sein kann anstatt frustrierend. Sie werden es schaffen, da bin ich mir sicher. Vielleicht nicht in allen Punkten so perfekt, wie Sie und Ihr Pferd es gern hätten, aber wäre das so schlimm? Entscheidend ist, dass Sie offenen Herzens mit Ihrem Pferd in die richtige Richtung schreiten.

   Und bitte lassen Sie es nicht zu, dass Ihnen unterwegs Lehrer begegnen, die Ihnen und Ihrem Pferd nicht guttun, die Ihnen die gemeinsame Freude nehmen und das Gefühl vermitteln, Sie werden es niemals zuwege bringen und Ihr Pferd sei ohnehin nichts Besonderes. Daran erkennen Sie schon mal einen schlechten Trainer oder eine schlechte Trainerin.

Um „gutes Reiten" zu messen, gibt es bekanntlich die Skala der Ausbildung, an der wir uns orientieren und entlanghangeln können und sollen. Lassen Sie uns der Vollständigkeit halber einen kurzen Blick darauf werfen. Falls Ihnen die Ausbildungsskala nicht bekannt ist, empfehle ich Ihnen *Band 1 – Richtlinien für Reiten und Fahren, Grundausbildung für Reiter und Pferd,* herausgegeben von der Deutschen Reiterlichen Vereinigung, kurz FN.

Losgelassenheit und Takt

Losgelassenheit und Takt sind die ersten beiden Stufen auf der Skala der Pferdeausbildung. Leider sehe ich viele reitende Menschen, die an diesen beiden Punkten bereits scheitern. Und leider auch solche, die schon wer weiß was für Lektionen mit ihrem Pferd anstellen – oder sollte ich besser sagen: gerade solche? Wie viel erträglicher wäre es, ihnen zuzusehen, wenn sich diese ersten beiden Stufen der Ausbildung in ihrem Reiten offenbaren würden.

Glauben Sie mir, Sie haben schon viel geschafft, wenn sich Ihr Pferd unter Ihnen losgelassen im Takt bewegt. Rufen wir uns wieder die Pferdemimik in Erinnerung, in der mangelnde Losgelassenheit auf so vielen Veranstaltungen traurig anzusehen ist.

Falls Sie jetzt sagen, dass doch erst der Takt und dann die Losgelassenheit kommt, ist das wohl von der verschriftlichten Abfolge her richtig, doch kein Pferd kann seinen Takt unter dem Menschen wiederfinden, wenn es sich nicht zuvor loslässt.

ANLEHNUNG

Im Sinne dieses Begriffs wurde und wird dem Pferd so viel mehr Schaden als Gutes angetan. Die Frage ist: Wie viel Anlehnung (körperlich und psychisch) braucht Ihr Pferd? Wo ist der ganz individuelle „Anlehnungspunkt" Ihres Pferdes, an dem es sich ausbalanciert bewegen kann? Das ist Zentimetersache und keine Schablone, die man jedem Pferd anlegen kann. Das Pferd hat seine individuelle Kopf-Hals-Position, in der es am besten in der Lage ist, geforderte Aufgaben unter Ihnen zu bewältigen, und dabei entspannt und willig

links: Das Pferd steht an den Hilfen. In dieser ihm eigenen Kopf-Hals-Position fühlt es sich wohl und kann alle Bewegungen ausbalanciert meistern.
rechts: Hier ist der Wallach deutlich zu eng durch den Zügel gestellt. Er fühlt sich sichtbar unwohl und die Ohrspeicheldrüse wird schon gequetscht. Gemeinhin würde man aber genau diese Hals-Kopf-Position von ihm verlangen.

als Spiegel des Herzens

Ein Wort zur gebisslosen Zäumungen.

Derzeit wird wieder viel darüber diskutiert und gebissloses Reiten als nicht klassisch und nicht turniertauglich angesehen. Es wird als unsanft verworfen und deutlich herausgestellt, dass eine korrekte Anlehnung damit nicht möglich sei. Die jedoch wird als Voraussetzung für ein tätiges Maul gesehen, was wiederum für ein entspanntes Pferd von allergrößter Bedeutung sei.

Ja, es stimmt, auch über die Nase kann man scharf und unsanft auf das Pferd einwirken. Und die Vielzahl neu entwickelter gebissloser Zäumungen ist groß, man muss schon sehr genau schauen, wie diese wirken und zu handhaben sind. Zudem reagiert jedes Pferd anders auf gebisslose Zäumungen und gebissloses Reiten insgesamt. Anatomie, Charakter, Sensibilität, Temperament, Willigkeit, Nachgiebigkeit, äußere Faktoren und natürlich der Ausbildungsstand spielen eine große Rolle. Doch am wichtigsten wirkt vor allem der Mensch, der am anderen Ende des Zügels agiert. Wer vermeintlich klassisch reitet und „ständig ein bisschen was in der Hand braucht", wie manche Dauerdruck nett zu umschreiben verstehen, wird nicht glücklich und erfolgreich einfach eine gebisslose Zäumung dem Pferd anschnallen und so weiter reiten können, wie er es gewohnt ist, nur vermeintlich pferdefreundlicher, weil kein Gebiss das Pferdmaul mehr plagt.

Wer einem Pferd Zügelhilfen über die Nase geben möchte, muss sich von der geforderten klassischen Anlehnung verabschieden.

Man kann eine solche Zäumung nicht mit Dauerkontakt reiten. Das erzeugt über kurz oder lang eine wunde Nase und ein unwilliges, dagegen ankämpfendes Pferd, das durch den permanenten Druck abstumpft, irgendwann den Nacken steif macht und sich entzieht. Feines gebissloses Reiten geht nur über Impulse, mit anschließendem leichten oder größeren Slack im Zügel, wie man im Westernreiten sagt, also leicht durchhängendem Zügel. Nicht zu verwechseln mit langem Zügel! Sondern: Impuls und sofort Zügeldruck weg für ein paar Zentimeter.

Und Impulsreiterei ist nicht die klassische FN-Lehre. Man kann ein eigenes System wie gebissloses Reiten nicht in die Maßstäbe der FN-Turnierreiterei quetschen, wo eine stete Anlehnung und ein kauendes Maul dogmatisch gefordert wird und ein Slack im Zügel verpönt ist. Ja, es stimmt, was zurzeit geschrieben und diskutiert wird: Gebissloses Reiten ist nicht FN-gemäß und dadurch auch nicht turniertauglich. Dazu müsste erheblich umgedacht und vorherrschende Dogmen müssten gründlich untersucht werden.

Ein Beispiel: Das Pferd soll kauen und über ein Gebiss im Maul locker im Körper gemacht werden. Das ist für mich persönlich eine jahrhundert alte, hartnäckig verbreitete Theorie der klassischen Reiterei, die ich nicht teilen kann.

Ein Pferd ist entspannt und losgelassen im Körper, wenn es entspannt und frei im Kopf ist, so wie wohl jedes Säugetier, uns eingeschlossen. Entspannt und frei im Kopf, das heißt ohne verwirrende Dauerirritationen im Maul durch ständigen Zügeldruck oder auf der Nase oder sonstwo am Körper, ganz zu schweigen von möglichen Schmerzen. Ein Pferd, das sich wohlfühlt und sich nicht ständig mit etwas beschäftigen muss, das dauerhaft in seinem Maul oder auf seiner Nase einwirkt und zu Irritationen führt, kann entspannt, losgelassen und vor allem konzentriert den feinen und allerfeinsten Impulsen seines Menschen willig und lernbereit folgen.

Die dogmatische These der klassischen Reiterei hört sich an, als würde man davon ausgehen, dass Pferde grundsätzlich verspannte Wesen sind, die man erst mit einem Gebiss im Maul vom Unterkiefer bis zum Schweif lockern muss. Diese These, dass ein Pferd nur durch Abkauen entspannt rittig ist, hätte ich gern wissenschaftlich belegt.

Meiner Erfahrung nach sind Pferde entspannte Tiere, solange man ihnen nicht durch falsche Ausrüstung und Hilfengebung Schmerz zufügt, der Abwehrverhalten auslöst und damit eine innere und äußere Festhaltung bewirkt.

Ein Pferd, das ein Gebiss ruhig und ungestört im Maul trägt und auf die nächsten Impulse des Menschen wartet, weil es gelernt hat, was diese zu bedeuten haben, ist losgelassen und entspannt. Ein junges Pferd, das zum Beispiel gebisslos achtsam ausgebildet wird, bleibt entspannt.

Es stimmt, ein Pferd muss locker und nachgiebig im Genick sein, dann kann es auch locker die Bewegungen unter dem Menschen durch seinen Körper fließen lassen. Spannen Sie einmal das Genick an und Sie werden merken, dass weder Ihr Unterkiefer und Mund noch Ihr Rücken und die Schultern locker sind. Doch Sie brauchen kein Kaugummi oder Lutschbonbon, um sich zu entspannen, Im Gegenteil. In den kleinen Momenten der allergrößten Konzentration und Aufmerksamkeit, auch Achtsamkeit, stellen wir genau diese (Mund-) Tätigkeiten ein. Ist es bei Pferden anders?

Ein Blick zurück lohnt sich vielleicht. In der altkalifornischen Westernreiterei wurden die Pferde gebisslos mit Bosal so weit ausgebildet, dass sie sich geschmeidig, locker und ausbalanciert auf Impulse hin reiten und auch versammeln ließen. Dann gab es eine Übergangszeit in der Ausbildung, wo das Pferd zusätzlich zum Bosal zur Gewöhnung eine Kandare im Maul trug, die langsam, Stück für Stück, zum Einsatz kam, bis sich das Pferd dann, inzwischen weit ausgebildet, einhändig mit Impulsen reiten ließ.

In der barocken Reitkunst wurden die Pferde gebisslos mit Nasenband (Cavecon) bis zu einem gewissen Punkt ihres Reitpferdedaseins ausgebildet.

Also braucht man wirklich Gebisse? Braucht man ein tätiges Maul? Oder genügt es nicht auch, wenn ein Pferd weich und entspannt im Genick den Impulsen nachgibt?

bleibt. Das gemeinsam herauszufinden ist ein wichtiger Schritt in der Ausbildung.

Das Pferd sollte nachgiebig sein, ja es sollte dem Gebiss vertrauen und es als eine Kommunikationsform von mehreren zwischen Ihnen beiden sehen. Ansonsten darf das Gebiss meiner Meinung nach nebensächlich und entspannt im Pferdemaul ruhen. Können Sie sich auf feine Impulse an Ihrem Körper einlassen, wenn Sie ständig auf etwas herumkauen und schlucken? An dieser Stelle empfehle ich Ihnen, sich einmal mit den Forschungen von Dr. Robert Cook zu diesem Thema zu befassen. Das ist sehr aufschlussreich. Ich habe die besten Erfahrungen mit entspannten Pferden gemacht, die sensibel auf meine Wünsche reagieren, wenn ihnen das Gebiss nur ab und an Impulse sendet und ansonsten ruhig im Maul liegt. Die Anlehnung, oder besser Selbsthaltung, kommt da von ganz allein.

Wenn Sie einmal ein Pferd gebisslos oder ohne Trense und Sattel reiten, werden Sie spüren, was ich meine. Da ist so viel entspannte Sensibilität und zufriedene Aufmerksamkeit im Pferd. Und auch Ihre eigene Hilfengebung wird sich auf andere, feinere Bereiche fokussieren als auf die ständig beschäftigten Hände.

SCHWUNG, GERADERICHTEN, VERSAMMLUNG

Im Sinne der Gesundheit Ihres Pferdes sollten Sie im Kopf haben, es muskulär **geradezurichten**: mit gut gestellten und gebogenen Zirkeln, Volten und Schlangenlinien, vielleicht auch kombiniert mit Seitengängen wie Schulterherein und Travers und einem guten Training vom Boden aus, wie seitliches Übertreten und Longieren. Als Ausgleich dazu lange Strecken geradeaus im Gelände. Und das Ganze ein Pferdeleben lang begleitend.

Schwung? Eher eine aktive starke Hinterhand (der Motor des Pferdes), deren Bewegungsimpulse durch eine frei schwingende Rückenmuskulatur fließen. Tun Sie alles dafür, damit sich Ihr Pferd von Anfang an seinen entspannten Rücken bewahren darf und (Bewegungs-)Energie ungestört fließen kann.

Versammlung, ja, das ist ein Thema! – Nennen wir es lieber eine Balanceverschiebung des Pferdes auf seine Hinterhand, die dann

kurzfristig oder auch für längere Reprisen vermehrt Last aufnimmt, damit die Vorhand lange gesund bleiben kann. Das Pferd wird vorn erhabener und die Hinterhand arbeitet spürbar fleißig.

Ich denke da an eine alltägliche „Gebrauchsversammlung", die es meinem Pferd muskulär ermöglicht, mich in gesunder Balance lange im ruhigen gesammelten Trab oder Galopp durch Wald und Flur zu tragen. Man kann, aber man muss dazu nicht die Piaffe erlernen. Vielen Menschen macht die ständig angestrebte Versammlung im Hinterkopf so viel Druck, dass die Fokussierung darauf mehr Schaden anrichtet, als dass es dem Pferd nützt. Man kann die Muskulatur des Pferdes, insbesondere die der Hinterhand, sehr gut mit anderen, einfacheren Übungen als der Piaffe stärken: gutes, flüssiges Rückwärtstreten, daraus Antraben, Tempowechsel an sich, Schulter herein, Travers.

Vielleicht vermittelt Ihnen diese Beschreibung von Versammlung ein anderes Bild als das einer eng gezogenen Kopf-Hals-Haltung, die das Pferd zwar „kurz" erscheinen lässt, es aber gänzlich aus seiner inneren und äußeren Balance bringt.

Gut, soweit habe ich Ihnen wahrscheinlich nicht viel Neues erzählt.

Aber was könnte noch zu einem besseren Verständnis, zu einer tieferen Harmonie zwischen Mensch und Pferd und damit zu „gutem Reiten" führen?

Wie können wir zu dem lang ersehnten Ziel kommen, ein Pferd-Mensch-Paar zu werden, das „eins" miteinander ist?

Dazu denke ich: Nutzen wir unsere emotionalen Kompetenzen und unseren Geist, damit wir bewussten Menschen von unseren geliebten Pferden ein deutliches Ja bekommen und wir unserem eigenen hohen Anspruch an Ethik gerecht werden.

Da es in der bestehenden Reiterei ganz wichtig ist, die körperliche Formgebung des Pferdes zu fokussieren, dessen Ausbildung und die schon gleich zu Anfang bewertete „Materialprüfung" des jungen Pferdes vorzunehmen (eine abscheuliche Bezeichnung für eine Jungpferdeprüfung, die schon in der Wortwahl deutlich macht, woran es im Herzen mangelt), schlage ich mal ganz ketzerisch eine andere Skala der Ausbildung vor.

SKALA DER AUSBILDUNG FÜR DEN „REITENDEN MENSCHEN"

Punkt 1:
Ich liebe das Pferd – und öffne ihm mein Herz, bevor ich überhaupt aufsteige. *(Wie viele Reiter und Reiterinnen scheitern bereits an diesem ersten Punkt, der ethisch Voraussetzung sein sollte?)*

Punkt 2:
Ich bin während der Reiteinheit mit meiner Aufmerksamkeit, Konzentration und Liebe ganz bei meinem Pferd. *(Schwierig, ich weiß.)*

Punkt 3:
Ich reite das Pferd so, dass ich ein emotionales Ja von ihm widergespiegelt bekomme. *(Machbar!)*

Punkt 4:
Ich strebe an, das Pferd so zu reiten und auszubilden, dass es sich in seiner gesamten seelischen, persönlichen und körperlichen Schön-

heit entfalten kann und gestärkt und zufrieden aus der gemeinsamen Reiteinheit gehen darf.

Punkt 5:

Meisterlichkeit. – Ich bin frei von Ego, wenn ich auf dem Pferd sitze. Mein Geist und mein Herz sind offen und lenken meine technisch formvollendeten Handlungen und Hilfengebungen auf dem Pferderücken bis zur vollständigen Verschmelzung des Pferdes und mir zu einer gemeinsamen Energie, die sich in leichter, nahezu tänzerischer Bewegung ausdrückt.

Ja, das könnte vielleicht so eine Art Skala der Ausbildung für die reitenden Menschen sein.

Und für Ihren Weg dahin biete ich Ihnen noch Folgendes an:

* Bewusstheit – Achtsamkeit/Gegenwärtigkeit – Intention und natürlich …
* Liebe

Lassen Sie uns die Tafel der momentan bestehenden traditionellen Reitlehre einmal völlig leer wischen und uns zu einem neuen Anfang begeben.

Reiten soll Liebe nur sein, ist Kunst,
und Kunst ist ein Spiel mit den eigenen Möglichkeiten
bis zur Vollendung. Und Vollendung ist reine
Liebe nur, ist Reiten.
(I. R.)

Reiten –
als Spiegel des Herzens

Achtsam, bewusst, liebevoll und fokussiert
in Verbindung mit dem Pferd

Ich betreibe keinen Reitsport. Es geht mir nicht um Leistung, Wettkampf und Miteinander-Messen, um Sparten und Prüfungsaufgaben, um kommerziellen Erfolg mit Pferden. Ich brauche das nicht. Und schon gar nicht geht es mir darum, mich bestimmen, bewerten und in Register einsortieren zu lassen. Ich liebe Pferde – schon immer – und ich reite sie. Und in meinem Reiten soll sich meine Liebe zu ihnen widerspiegeln. Das ist mein Anspruch – und manchmal werde ich dem gerecht.

Ich „arbeite" auch nicht mit Pferden. Ich „bin" mit ihnen –
und meistens glücklich.

Und ich weiß, dass es erfreulicherweise viele Menschen gibt, die das genauso sehen und empfinden wie ich.

Ich habe das Reiten aus verschiedenen Blickwinkeln und Seinszuständen betrachtet, mich selbst überprüft, das Pferd gefragt. Ich nehme das Reiten nicht als etwas Selbstverständliches hin, auch nicht nach über dreißig Jahren. Ich sehe es stattdessen immer noch als ein Wunder an, dass Pferde sich so intensiv, geduldig und feinfühlig auf uns einlassen, dass sie sich uns hingeben, egal, welche guten oder schlechten Ideen wir auch haben, dass sie uns helfen, heilen und therapeutisch bei der Arbeit unterstützen. Ich bin den Pferden überaus dankbar dafür!

Irgendwann vor einigen Jahren begann ich es als sehr seltsam und entfremdet anzusehen, dass Reiten und die Ausbildung des Pferdes bedeuten, ständig einen fokussierten Blick einzig auf die muskuläre Formgebung des Pferdes zu richten. Das war mir zu einseitig, zu sehr an der Oberfläche dessen, was zwischen Mensch und Pferd noch möglich ist und sein sollte – zu wenig Beziehung, zu wenig Herz –, ich war es leid. Wo floss die Arbeit des Menschen an sich selbst mit ein? Reiten ist kein Blick auf die Oberfläche, wo nur die äußere Form gesehen wird, die Silhouette von beiden, Mensch und Pferd, in eine Form gepresst, wie es zu sein hat – Abziehbilder.

Wo war die Seele beider, die sich in gemeinsamer Bewegung und Kommunikation ausdrückt? Die gegenseitige positive Entwicklung

von Mensch und Pferd durch das Reiten, nicht nur körperlich, sondern durch inneres Wachstum beider. Denn glauben Sie mir, Pferde können dadurch, dass sie gut ausgebildet und geritten werden, durchaus ein höheres Maß an Kraft, Ausdruck, Selbstbewusstsein, Intelligenz, Kommunikationsfähigkeit und noch einiges mehr erfahren.

Ich wollte Menschen nicht mehr allein darin unterrichten, Seitengänge und andere mehr oder weniger anspruchsvolle Lektionen herunterzubeten, als wären sie das Einzige, das Reiten ausmacht. Wie konnte ich erklären, was „mein Verständnis von Reiten" ist? Worte für etwas finden und es ratgebergerecht schreiben, für das es eigentlich kaum Worte gibt? Und erklären, was sich eben kaum erklären lässt, sondern nur erspüren und erfahren, weil es sich auf einer anderen Ebene still ausdrückt?

Ich will es trotzdem versuchen. Was auch immer wir mit unseren Pferden tun und wie wir sie reiten, es sollte mehr Tiefe, mehr Bewusstsein und andere Blickwinkel haben, schlichtweg aus der Seele geritten und nicht aus dem Ego.

Das bedeutet, auch den Fokus im Reitunterricht auf etwas ganz anderes zu richten: Liebe, Verbindung, Spiel zwischen Mensch und Pferd.

Und dann stellt sich sofort die Frage: Wie viele Menschen sind wirklich bereit, diesen Weg mitzugehen? An sich selbst zu arbeiten, an der eigenen Energie in einer Reiteinheit anstatt an den Unzulänglichkeiten des Pferdes, seiner Form und muskulären Schiefe – was vermeintlich so gar nichts mit einem selbst zu tun hat? Natürlich ist es wichtig, das Pferd zu schulen. Aber selbst die Ausbildung des Pferdes, mit einer anderen Konzentration, Intensität, Selbstreflexion und Eigenwahrnehmung ausgeführt, eröffnet uns neue Wege – zusammen mit dem Partner Pferd, aber auch für uns, im Leben außerhalb des Pferdestalls.

Reiten darf nicht seelenlos werden. Was wiederum bedeutet: Wir dürfen niemals den Kontakt zu unserer Seele, zu unserem Herzensbewusstsein verlieren, wenn wir auf den Rücken unseres Pferdes oder auf den fremder Pferde steigen.

Vielleicht haben Sie Lust und auch ein wenig Mut, diesen etwas anderen Weg, um den es hier geht, mit Ihrem Pferd auszuprobieren

und zu reiten? Vielleicht tun Sie dieselben Dinge auf und mit Ihrem Pferd wie immer, aber möglicherweise dann anders: bewusster, achtsamer, fokussierter und liebevoller.

Geben wir Ihren Taten eine andere Energie und damit eine andere Qualität.

Ich frage Sie:
Was war Ihre erste Motivation zu reiten?

Haben Sie eine Antwort in Ihrem Inneren gefunden? Ich könnte mir vorstellen, dass Ihnen folgende Erinnerungen kamen: Sie waren noch ein Kind und es war für Sie mit dem allerhöchsten Glücksgefühl verbunden, sich vorzustellen, auf dem Rücken eines Pferdes oder Ponys zu sitzen, und sei es noch so alt, klein, langsam oder sonst was.

Einfach ein Pferd mit all seiner Sinnlichkeit, warm, kuschelig, fellbespannt, gut riechend, freundlich, mit weicher Nase und lieben dunklen Augen. und Sie obendrauf, auf seinem Rücken, sich tragen lassend, draußen, in der Natur, vielleicht mal ruhig im Schritt und mal im schnellen Galopp.

Bin ich nahe dran? Oder Sie waren bereits erwachsen, sind ein Leben lang irgendwie um die Pferde und die Idee des Reitens herumgeschlichen, bis es plötzlich so weit war, dass das Schicksal Ihnen bei der Entscheidung, Pferde endlich näher in Ihr Leben zu lassen, ein wenig nachhalf. Und ich glaube, auch da war Ihre Vorstellung, mit dem Pferd zu reiten und zusammen zu sein, eine ähnliche wie die des Kindes.

Ich bin mir felsenfest sicher, dass kein Mensch als erste motivierende Vorstellung im Kopf hatte, Reiten würde bedeuten, das Pferd zu unterwerfen, es zu demütigen, indem man es einrollt, es mit dem Sporn abzustumpfen, sich durch die Reithalle in immer gleichen Bahnfiguren zu quälen, sich selbst von einem Reitlehrer oder einer Reitlehrerin anschreien und demotivieren zu lassen, um letztendlich mit dem Gefühl nach Hause zu gehen, dass man völlig talentfrei sei und zu blöde, die tieferen Zusammenhänge der Dressurlektionen und Hilfengebung zu verstehen.

Da bleibt wirklich kein Raum mehr für Freude und Glück im gegenseitigen Einvernehmen mit dem Pferd. Kurzum, es drängt sich leider sehr häufig die Botschaft auf, dass Reiten an sich bedeutet, Mensch und Pferd befinden sich in einem ständigen Kampf miteinander, beäugen sich gegenseitig misstrauisch und warten nur darauf, dass der eine einen Fehler oder eine Unaufmerksamkeit begeht, auf die der andere entsprechend reagieren wird. Und … Achtung! … Seit Jahrzehnten häufig gehörte Aussagen: Der Mensch obendrauf stelle sich dumm an und das Pferd sei sowieso „ein fauler, steifer Bock", dem man richtig zeigen muss, wo es langgeht.

Nein, ich bin mir sicher, so war niemandes romantische erste Motivation zu reiten. Dennoch sind das Wortlaute und Bilder, die wir kennen, oder?

Wie kommt so etwas zustande? Wer lehrt so etwas? Und warum ist es für die meisten unzufrieden reitenden Menschen so schwierig, aus diesem Kreis auszubrechen?

Ich stelle Ihnen die nächsten beiden Fragen:
Wer oder was hat im Laufe welchen Prozesses Ihre erste
liebevolle Vorstellung vom Reiten zerstört?

Und wollen Sie diesen Weg wirklich weitergehen?

Es gibt auch andere Wege. Geben wir dem Ganzen – geben wir uns – eine neue, tiefere Richtung, um Reiten wieder reine Freude und Glückseligkeit sein zu lassen.

BEWUSSTHEIT

Unter Bewusstheit verstehe ich das bewusste Wahrnehmen meiner Handlungen, Taten, Gedanken und Ideen – und diese auch vor mir selbst rechtfertigen zu können.

Das ist ein hoher Anspruch an sich selbst, der mit unangenehmen Fragen verbunden sein kann:

Warum reite ich eigentlich? Was tue ich meinem Pferd da an? Und womöglich mir selbst? Agiere ich gerade aus der Liebe oder aus dem Zorn heraus? Bin ich meinem Pferd gegenüber gleichgültig oder habe ich gar Angst?

Es kann sehr hilfreich für Sie und Ihr Pferd sein, die gemeinsame Zeit und auch das Training mit mehr Bewusstheit anzugehen. Eventuelle Probleme zwischen Ihnen beiden lassen sich schneller analysieren und abstellen. Sie geraten nicht mehr so leicht in eine „negative" und damit hinderliche Energie.

Sie lesen nun gerade dieses Buch, haben es sich vielleicht aus dem Ladenregal gezogen oder es im Internet gefunden, weil es Sie in irgendeiner Form angesprochen hat. Vielleicht hat es Ihnen auch ein lieber Mensch geschenkt, der weiß, dass Ihnen dieses Thema „Reiten mit dem Herzen" etwas bedeutet. Damit zeigt sich schon, dass Sie bereits ein bewusster Mensch sind.

Natürlich ist es nicht immer einfach und es bedarf einiger Übung, seine Handlungen und Gedanken von Bewusstheit zu durchdringen, erst recht, wenn man unter emotionalen Stress gerät. Aber gerade dann kann es ganz besonders hilfreich sein, denn man lernt zunehmend, aus unguten Situationen bewusst auszusteigen. Man wird zu einer reflektierten Person, die es schafft, als Erste den negativen Kreislauf zu durchbrechen und dem Ganzen eine andere, positive Energie-Qualität zu geben.

Ein Beispiel: Das eigene Pferd springt beim Longieren herum, zerrt an der Leine und damit auch an Ihrem Körper. Sie reagieren entsprechend, sind genervt, werden vielleicht sogar richtig wütend auf das ungezogene Pferdchen. Sie halten gegen, was der Arm aushält, schwingen vielleicht noch die Peitsche und machen Ihrem Pferd und damit auch sich selbst erst richtig Stress – die Spirale ins Negative ist perfekt.

Nun sind Sie aber ein bewusster Mensch, spüren Ihre Aggression und wissen, dass Ihnen diese so gar nichts nützt. Sie entspannen, lächeln über Ihr übermütiges Pferd, dem es ja scheinbar bestens geht, werden sich Ihrer Handlungen bewusst und entwickeln etwas Neues für diese Situation (vielleicht erst ein Freilaufenlassen, Bodenarbeit, dann Spielen), woraufhin Sie Ihrem Pferd und sich selbst wieder positiv gerecht werden und Raum für Liebe öffnen.

Sicher – manchmal will man vielleicht auch gar nicht bewusst handeln. Sondern man möchte sich geradezu voll und ganz seinen schattigen Gefühlen hingeben und sozusagen mal kurz die Sau rauslassen. Ja, das kann passieren, wird sich aber mehr und mehr aus Ihrem Verhaltensrepertoire herausschleichen, weil es Ihnen zunehmend unnütz erscheinen wird. Auch dessen, das verspreche ich Ihnen, werden Sie sich nämlich mehr und mehr bewusst. Sie werden schnell spüren, wie sinnlos es ist, sich dem Pferd gegenüber in Aggressionen oder etwas Ähnlichem zu verlieren.

Bewusstheit wird mit der Zeit zu einem sich verselbstständigenden Prozess und damit immer einfacher. Das heißt nicht, dass man zu einem erleuchteten Menschen wird, der nichts Negatives mehr in sich zulässt und gänzlich frei von allem Niederen wird. Nein, leider nicht. Obwohl – es könnte Ihnen sogar das passieren. Und das wäre wirklich großartig. Dann haben Sie wahrlich das Zeug zu einem Pferdeguru, der sein Ego überwunden hat. Aber ich kenne bisher leider noch niemanden, dem das gelungen ist.

Wahrscheinlicher ist vielmehr, dass Sie sich all Ihrer Schattenempfindungen, wie Wut, Angst, Konkurrenz, Neid, Eitelkeit und so weiter, schneller bewusst werden und dadurch auch schneller daraus aussteigen können. Und das ist ja schon grandios! Das macht das Leben nicht nur mit Pferden wirklich leichter und freudvoller.

Sie werden Situationen und Menschen, die Sie „runterbringen", durch das Gesetz der Anziehung nicht mehr an sich binden, weil Sie es nicht mehr nötig haben, sich selbst lange in solch einer Energie zu verbeißen. Sie sind, wie man so schön sagt, vielmehr in einer positiven, liebevollen Schwingung, die aus dem Herzen kommt. Und somit ziehen Sie auch diese Energie mehr an.

Wäre es nicht schön, wenn wir irgendwann eine Pferdeveranstaltung mit lauter bewussten Menschen besuchen könnten und eben jene Pferd-Mensch-Paarungen in geballter Menge bewundern dürften, bei deren Anblick uns das Herz aufgeht und wir uns selbst sofort inspiriert fühlen, es ihnen gleichzutun? Oder stellen Sie sich unsere Welt vor, mit lauter liebevoll bewussten Menschen, die ihre Handlungen im Herzen überprüfen und vor sich selbst voll und ganz verantworten können.

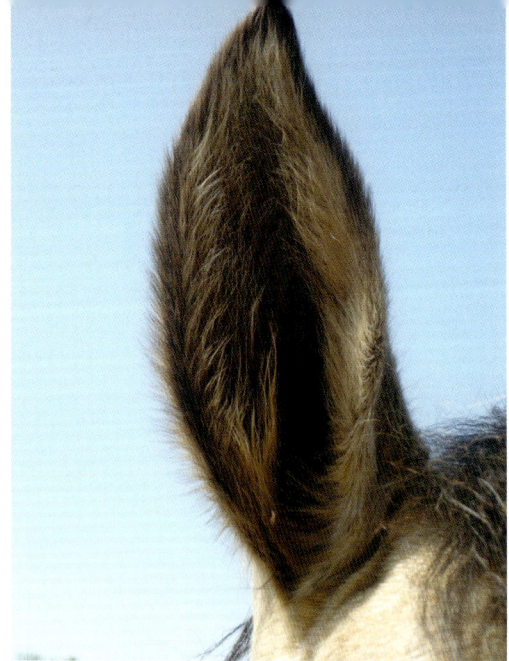

ACHTSAMKEIT

Achtsamkeit ist ein Begriff, der uns seit einiger Zeit in den unterschiedlichsten Zusammenhängen begegnet. Viele finden ihn bereits abgenutzt, manchmal auch ohne genau zu wissen, was er eigentlich bedeutet. Wie so oft in dieser Welt erreicht uns immer dann eine kleine Rettung, ein Gegenpol, wenn etwas unaufhaltsam und krankend in eine Richtung zu verlaufen scheint. Unser schnelllebiger Alltag, unsere Flut von Gedanken, unsere „Allzeitbereitschaft" sowie der angeblich positive Begriff „Multitasking", der die Fähigkeit beschreibt, zig Dinge gleichzeitig erledigen zu können, was vor allem Frauen leider gerne zu leisten versuchen – all das ist nicht Achtsamkeit.

Achtsamkeit ist ein wertvolles Geschenk, ein geistiges Werkzeug, um wieder ganz bei sich anzukommen, seine Seele zu spüren und die eigenen Handlungen mit Bewusstheit zu füllen. Achtsamkeit im Umgang mit dem Pferd und beim Reiten kann ein wunderbares Erleben sein, denn wir begeben uns sozusagen in der Achtsamkeit auf das geistige Niveau unserer Pferde, die das meisterlich praktizieren.

ACHTSAMKEIT

„Achtsamkeit ist die Fähigkeit, in jedem Augenblick unseres täglichen Lebens wirklich präsent zu sein. Achtsamkeit ist eine Art von Energie, die jedem Menschen zur Verfügung steht. Wenn wir sie pflegen, wird sie stark, wenn wir sie nicht üben, verkümmert sie.“
(Thich Nath Hanh, buddistischer Mönch)

... wenn wir jemanden beobachten, der ganz bei der Sache ist, die ihn gerade beschäftigt: ein Musiker, der hört, wenn er spielt; ein Tänzer, der mit Leib und Seele dabei ist; ein Kind, das im Spiel vertieft ist ... Es erscheint uns dabei eine besondere Qualität des Körperlichen, die Person wirkt ganz, ungeteilt, hingegeben, aufgehend, ganz dabei, eher still und in sich geschlossen und dennoch wach, nicht schläfrig, nicht aufgeregt, eher spielerisch, eher zufällig und reagierbereit und vor allem nicht krampfhaft wollend. Auf merkwürdige Weise stellen sich beim achtsamen Menschen Ruhe und Stille und zugleich Wachheit ein.“
(Norbert Klinkenberg, *Achtsamkeit in der Körperverhaltenstherapie*, Stuttgart 2007)

Zwei wunderbare Beschreibungen für Achtsamkeit, die es auf den Punkt bringen.

In der Achtsamkeit ist Raum für Heilung. Wir sind absolut da, ganz mit unserer Aufmerksamkeit bei dem, was wir tun. Wir werten nicht, wir spüren nur und geben uns liebevoll verbunden unserer Handlung hin.

Man spricht dabei auch von Gegenwärtigkeit. Wir empfinden in dem Moment sozusagen unser wahres Ich, unsere Seele.

Seele ist spürbar, wenn wir uns selbstvergessen aus ganzem Herzen einer Aufgabe widmen. Wir sind! – einfach. Es gibt kein Gestern und kein Morgen, nur den erfüllenden Moment der Gegenwart – unser Tun oder auch Nichtstun. Und stellen Sie sich vor, so könnte Reiten sein. Ich glaube, Sie wissen, was ich meine. Vielleicht kennen Sie die-

se wunderbaren Augenblicke? Diese zu kultivieren, sie auszudehnen, von nur winzigen Momenten hin zu einer ganzen Reiteinheit oder zu der gesamten Zeit, die Sie mit Ihrem Pferd verbringen.

Erster, wichtiger Schritt – lassen Sie Ihr Handy im Auto, wenn Sie zu Ihrem Pferd gehen, es sei denn, Sie wollen ausreiten.

Lassen wir uns von Pferden zeigen, wie Achtsamkeit und Gegenwärtigkeit funktioniert. Für uns in unserem Alltag ist das ein sehr seltenes Gefühl, doch Pferden ist das überaus vertraut. Sie leben ständig im Hier und Jetzt. Und wahrscheinlich deshalb bringen sie uns so unvergleichlich in Verbindung mit unserer Seele. Mit Pferden erleben wir das Glück des Augenblicks. Und das ist ein Teil ihres Zaubers, den sie uns schenken. Pferde denken nicht über morgen nach und auch nicht über gestern. Es interessiert sie nicht, ob sie liebenswerter oder nützlicher für die Gesellschaft wären, wenn sie sich hektisch drei Dingen gleichzeitig widmen könnten. Sie sind allzeit gegenwärtig.

Wie achtsam und gegenwärtig sind Sie im Alltag? Und mit Ihrem Pferd? Wie schon erwähnt, in Ihrer Tasche ist das Handy auf Empfang, das Radio auf der Stallgasse sorgt für ständige Hintergrundbeschallung, die nette, mitteilsame Stallkollegin, die man als sozialer, höflicher Mensch nicht in ihrem Redefluss unterbrechen möchte, fordert Aufmerksamkeit, die man im Grunde seinem Pferd widmen möchte, und nicht zuletzt sind da auch noch die eigenen Gedanken, das Grübeln, der Einkauf, die Kinder, die Arbeit, die Beziehung ... In dieser schönen, ruhigen Zeit beim Pferd ist es schließlich nicht ungewöhnlich, dass einem das eine oder andere durch den Kopf huscht, nicht wahr?

Und wie sieht es mit der Achtsamkeit im Sattel aus? Ein Chaos von unsortierten, wenig nützlichen Gedanken: Was reite ich mal? Gucken die anderen? Wie war das noch in der letzten Reitstunde? Jetzt eine Volte, ach ne, doch nicht. Soll ich schon galoppieren? Hey Pferd, ich habe noch nichts von Galopp gesagt. Oh, das Handy vibriert, ich geh mal kurz ran. Stopp, jetzt hält das blöde Pferd nicht an ...

Ja – eine Flut von Gedanken. Und eine Flut von undeutlichen Informationen für unser Pferd. Gedanken manifestieren unsere Handlungen, unser Außen, unsere Körpersprache, unsere Energieausstrahlung. Gehen wir davon aus, dass das Pferd ständig gewillt ist, mit uns in Balance zu kommen und eins zu werden, eine Schwingung – nicht ganz leicht für das arme Tier.

*Was viele Reitmeister und Reitmeisterinnen als ihre eigene
Konzentration im Sattel beschreiben, ist im Grunde genau das:
Achtsamkeit und Gegenwärtigkeit.*

Und Sie haben es auch schon erlebt. Da bin ich ganz sicher! Denken
Sie mal an Ihren letzten zügigen Galopp durchs Gelände. Sie saßen
auf Ihrem Pferd, der Wind ließ Ihre Augen tränen. Sie spürten die Bewegungen des Pferdes, das Tempo. Sie achteten auf die Galoppsprün-
ge Ihres Pferdes, seine Reaktionen, seine gespannte Aufmerksamkeit,
die Wegbeschaffenheit unter seinen Hufen. Sie spürten sich selbst,
Ihren Körper, der in einem Rhythmus mit dem des Pferdes sein musste. Sie spürten alles! Sie waren voll da! Hochkonzentriert, denn alles
andere wäre hinderlich gewesen, ein falscher Tritt in diesem Tempo
und ... und – Sie haben höchstwahrscheinlich über nichts nachge-
dacht! Sie waren für eine kurze Zeit ganz und gar gegenwärtig.

Und nach dem Galopp? Wie fühlten Sie sich da? Glücklich, entspannt, leicht erschöpft – ganz genau wie Ihr Pferd.

Ein zügiger Galopp durchs Gelände fordert all Ihr Bewusstsein und Ihre Konzentration im Jetzt. Da gibt es wenig Raum, über gestern oder morgen nachzudenken oder Alltagsprobleme zu wälzen. Sie „sind" ausschließlich – und das ist Leben pur.

Vielleicht mögen Sie bei Ihrem nächsten Ausritt einmal bewusst darauf achten, wie gegenwärtig Sie sein können und was das für ein wunderbarer Zustand ist?

Nun stellt sich natürlich die Frage, wie man diesen wunderbaren Bewusstseinszustand üben kann, um ihn mehr und mehr im Leben zu etablieren.

Eine kleine Achtsamkeitsübung

Ganz in diesem Moment zu sein,
aufmerksam zu spüren, was ist,
dabei weniger bis gar nicht zu denken
und den Moment – das Sein – zu genießen.

Achtsam zu werden, im Alltag, in jedem Moment des Lebens, kann man üben. Es ist ganz einfach:

* Einatmen, lächeln und dabei Ruhe und Frieden empfinden
* Ausatmen und lächeln

Das ist alles.
Oder noch einfacher:

* Liebe einatmen – lächeln (Frieden empfinden und sich selbst als ein Teil, verbunden mit allem um sich herum, wahrnehmen)
* Ausatmen und lächeln

Sie können sich beim bewussten Einatmen auf Ihre Nasenlöcher konzentrieren und sich dabei vorstellen, wie Sie Liebe in Ihr Herzzentrum einatmen, so als wäre die Liebe ein weißes oder rosa Licht, das um Sie herumschwebt und das Sie willentlich einatmen.

Dabei schenken Sie sich selbst ein Lächeln. Und atmen wieder aus. Spüren Sie, was das für ein Genuss ist und wie Sie in ein starkes Gefühl von Ruhe und Freude eintauchen? Nun sind Sie achtsam, gegenwärtig in der Liebe. So sind Sie bestens vorbereitet für die Zeit mit Ihrem Pferd und für jeden, wirklich jeden anderen Moment in Ihrem Leben.

Sie können überall Achtsamkeit üben, achtsam kochen, achtsam den Haushalt erledigen, achtsam im Bus sitzen, achtsam in der Schlange im Supermarkt stehen, achtsam in einer schwierigen Besprechung sein.

Man kommt sehr schnell in diesen Zustand hinein. Das ist toll, innerhalb von zwei, drei Sekunden können Sie absolutes Glück empfinden, nur durch ein- oder zweimal bewusstes Atmen. Leider kommt man auch schnell wieder hinaus. Ist nicht schlimm.

Einfach wieder neu konzentriert hineinbegeben:

Einatmen – Liebe – lächeln – Frieden
Ausatmen – lächeln – spüren, was ist

INTENTION

Intentionen sind pure, spürbare Energie. Das heißt kraftvolle, konzentrierte Gedanken und Absichten, die Sie Ihrem Pferd bewusst beim Reiten senden.

Für Pferde ist es ein Leichtes, Intentionen wahrzunehmen und dadurch ist es für uns noch eine zusätzliche, hochwirksame Art der Hilfengebung.

Zielgerichtete Gedanken beziehungsweise Intentionen wurden in den letzten Jahren mehr und mehr wissenschaftlich untersucht. Sie scheinen sich als magnetische und elektrostatische Energie zu offenbaren, ähnlich einem Photonenstrom (Lichtstrom), der mit empfindlichen Geräten messbar ist. Können Sie sich vorstellen, dass es Heiler gibt, die mit zielgerichteten Heil-Intentionen Krankheiten lindern? Das zeigt, was mit bewussten, liebevollen, konzentrierten Gedanken möglich ist.

Warum sollten wir also unseren Geist nicht auch beim Reiten nutzen, wo doch gerade unsere Pferde so hoch sensibel auf all das reagieren, was auf ihren Rücken und damit auch auf ihr Energiefeld einwirkt? Allerdings ist das mit der Intention genauso wie mit vielem anderen auch: Man muss es lernen und üben, dann wird es immer ausdrucksstärker.

Intentionen zu senden und mit konzentriertem Fokus zu reiten lässt sich kaum voneinander trennen. Wenn Sie klar in die Richtung schauen, in die Sie reiten möchten, teilt sich die Absicht, die Sie im Kopf haben, Ihrem Pferd als deutliches Bild und auch als Energie mit.

> Ein „in die Richtung schauen, wo es
> hingeht" ist auch die feinste Stufe der
> Gewichtshilfe.

Doch das allein ist nicht der Grund, warum es so hervorragend funktioniert, den Fokus beim Reiten zu nutzen. Sie senden die Energie Ihrer Absicht unmissverständlich in die von Ihnen gewünschte Richtung.

Eine Intention zu senden bedeutet, dass Sie ein klares, positives Bild von dem, was Sie beim Reiten möchten, in Ihrem Kopf konzentrieren. Öffnen Sie Ihr Herz und Ihren Geist und lassen Sie die Intention dann einfach fließen. Ihr Pferd wird das Bild in Ihrem Kopf „lesen" und danach handeln.

Genau genommen tun wir das ständig beim Reiten – nur leider unbewusst und leider oft auch negativ. Das sind dann Momente wie „Nein, nicht galoppieren", „Nicht Scheuen", „Da ist nichts Gefährliches", „Ich weiß schon, gleich macht er wieder diesen Satz nach vorn".

Ja. All das sind auch zielgerichtete Intentionen. Nur leider nicht so, wie wir uns das vorstellen. Sehen Sie es mit Humor und achten Sie einmal darauf, was Sie Ihrem Pferd alles für Bilder senden, auf die es dann auch brav reagiert. Wichtig ist auch, dass Sie Gedanken ohne Verneinungen kreieren, denn diese versteht weder unser Gehirn noch das des Pferdes, es erkennt nur: Galopp, scheuen, Gefahr …

Nutzen Sie positive, liebevolle, klare Intentionen, die Ihr Pferd bestärken und ihm das Bild der perfekten Bewegungsrichtung vermitteln. Und sprechen Sie Ihre Intentionen leise aus. Das erleichtert das Arbeiten damit und auch die Konzentration. Sagen Sie ruhig und leise zu Ihrem Pferd, was Sie sich als Nächstes wünschen: „Nun eine Volte – brav – Schulterherein – brav – Danke – gerade durch die Mitte – Schritt – brav – danke."

Sie können kein Wort aussprechen oder denken, ohne nicht sofort auch ein Bild dazu in Ihrem Kopf zu kreieren, und Ihr Pferd kann das Bild erkennen, glauben Sie mir. Und vielleicht probieren Sie es mal aus.

LIEBE

Darf man, ohne Liebe für das Pferd zu empfinden, auf seinem Rücken sitzen und es reiten? Da haben sicher viele Reiterinnen und Reiter – gerade die, die es professionell betreiben – eine andere Meinung

als ich. Aber für mich ist es ein ganz klares Nein. Klarer geht es gar nicht. Sonst hätte ich dieses Buch nicht geschrieben. Und jeder bewusste Pferdemensch wird mir sicher zustimmen. Wer Reiten funktional und emotionslos betreibt (wäre ja noch besser als demütigend und latent aggressiv, wie man es leider allzu häufig sieht), sollte sich vielleicht noch mal an den Anfang zurück begeben und sich die Frage nach der Ethik stellen. Wahre Verbindung mit der Pferdeseele findet man so nicht.

Das Herz dem Pferd öffnen, sich bewusst mit ihm verbinden, eine zielgerichtete Intention der Liebe aussenden, seinen reiterlichen Willen zu einem „Herzenswillen" werden lassen und dadurch zu einer gemeinsamen Idee von Mensch und Pferd, die sich in Bewegung ausdrückt, pure Freude am gemeinsamen Tanz ausstrahlt, Freude, die man sowohl im Gesicht des Menschen als auch in der Mimik des Pferdes erkennen kann und deren verbindende Schwingung jeden Zuschauer und jede Zuschauerin erreicht und im Herzen berührt. Das fasst wohl zusammen, was ich meine – und könnte ein Ziel sein.

Und glauben Sie mir, auch die Pferde wollen mit Ihnen im Sattel einen guten Weg für Sie beide finden! Nichts anderes (außer in meiner Kindheit in den schrecklichen Reitschulen der Siebziger- und Achtzigerjahre) habe ich bislang erlebt. Wenn ein Pferd Sie nicht wegen Schmerz oder Angst ganz schnell aus dem Sattel haben will, dann ist es sein Ziel, mit Ihnen in eine Balance zu kommen – Sie sind nun mal da oben, auf seinem Rücken, und damit auch ein Teil von ihm, und somit ist es letztendlich überlebenswichtig für das Pferd, mit diesem Teil, also mit Ihnen natürlich, ein gemeinsames, ungestörtes Bewegungsmuster und eine Schwingung zu erreichen.

Jedes Lebewesen hat ein Energiefeld, das messbares Licht ausstrahlt. Man könnte es auch Aura nennen.

In den letzten Jahren wurde viel dazu geforscht. Und es wurde unter anderem erkannt, dass eine positive Emotion oder ein liebevoller Gedanke, die man jemandem entgegenbringt oder sendet, dessen Energiefeld vergrößert, seine Aura, sein Licht, erhellt.

Doch im Gegenzug bedeutet das leider auch, dass eine negative Emotion oder ein schlechter Gedanke das entsprechende Gegenteil bewirken kann.

Lieben Sie Ihr Pferd, beim Reiten oder wann auch immer, lassen Sie sein Licht und damit auch Ihr gemeinsames erstrahlen.

Herzübung

Mit einem offenen Herzen durchs Leben zu gehen ist wohl das höchste Ziel eines bewussten Menschen. Ich weiß nicht, ob es etwas gibt, das das Leben freudvoller, intensiver und tiefer werden lässt. Momente des reinen Glücks, das Gewahrsein des eigenen Seins, der Seele, werden möglich, wenn man sich seines Herzens bewusst wird und daraus, und wirklich nur daraus, handelt.

In der bedingungslosen Liebe zu verweilen bedeutet,
in der Energie mit der höchsten Schwingung zu sein, in der
Urkraft allen Seins.

Mit einem geöffneten Herzen sind Sie nicht imstande, etwas Negatives zu empfinden. Sie werden Momente der Angst transformieren und zu Ihrer Kraft zurückkehren. Sie werden gegen nichts Groll empfinden und niemandem etwas Negatives entgegenbringen. Sie „erkennen" ganz einfach in jedem Menschen nur seine reine, verletzliche Seele – und lieben diese, ohne Unterschiede zu machen. Denn diese Liebe ist nicht personell und egoverhaftet gebunden.

Menschen mit offenem Herzen berühren uns. Es ist wie ein Zusammentreffen auf Seelenebene, wenn man sein Herz ebenfalls öffnet: groß und tief. Und es ist unwichtig, was die Person „nach außen hin" gesellschaftlich verkörpert. Man fühlt sich wohl und geborgen miteinander. Und so ist es auch mit Pferden.

Diese wunderbaren Tiere spüren sehr genau, ob Sie mit einem offenen Herzen an sie herantreten. Das Pferd fühlt sich wohl in Ihrer Gegenwart. Es wird Ihre Nähe suchen, vielleicht den Kopf senken, möglicherweise sogar seine Stirn an Ihr Herz drücken. Es wird diese hohe Energie geradezu aufsaugen. Besonders traumatisierte Pferde reagieren intensiv auf bewusst gesendete Liebe aus Ihrer Brustmitte. Vorsichtig können sie sich so wieder an den Menschen herantasten, neue Erfahrungen machen und Vertrauen zurückgewinnen.

Wenn Sie die bewusste Herzaktivierung als eine „Methode" in Ihren Umgang mit Pferden aufnehmen, wird das, was Sie möglicherweise erleben werden, Ihr Herz für Pferde noch weiter öffnen. Es ist tief bewegend.

Reiten –
als Spiegel des Herzens

Auch beim Reiten wird es Zuschauern nicht entgehen, wenn Sie mit offenem Herzen auf Ihrem Pferd durch die Reitbahn tanzen. Jeder, der offen dafür ist, bekommt eine Portion „Liebe" ab und wird die hohe Schwingung zwischen Ihnen und Ihrem Pferd deutlich wahrnehmen.

Und nicht ganz nebenbei sind die Hände dem Bereich des Herzens zugeordnet. Sie werden in Liebe wirken, wenn man sie bewusst so einsetzt.

Denken Sie an Künstler, die mit ihren Händen aus dem Herzen heraus kreativ und schöpferisch dem Äußeren Form geben. Sie sind ebenfalls eine Künstlerin oder ein Künstler – der Reitkunst.

Nun zur Übung.

Legen Sie die Handfläche auf die Mitte Ihrer Brust. Spüren Sie, wie empfindsam dieser Bereich ist – es ist das Zentrum Ihrer Emotionen und möglicherweise der Sitz Ihrer Seele. Schon durch die Berührung wird sich Ihr Herz bewusst öffnen. Es ist ganz leicht. Vielleicht fühlen Sie sich plötzlich weich und berührt, müssen lächeln. Atmen Sie Liebe ein, wie schon bei der Achtsamkeitsübung zuvor, werden Sie still und friedlich in sich. Nun sagen Sie zu sich selbst: „Ich öffne mich für die bedingungslose Liebe, der höchsten Energie im Universum." Sie können die Hand nun wegnehmen und Ihren Arm entspannt fallen lassen, wenn Sie wollen. Spüren Sie, wie sich Ihr Herz und Ihr ganzer Brustkorb weit öffnen?

Mit jedem Atemzug werden Sie stiller, glücklicher und weicher.
Mit jedem Atemzug strömt Liebe in Sie. Erfüllen Sie Ihren Körper,
Ihre Zellen damit vollständig.
Vielleicht müssen Sie ein wenig weinen oder es schmerzt irgendwo
ein bisschen.
Bleiben Sie mit Ihrem Gefühl und Ihrer Konzentration in der Mitte
Ihrer Brust zentriert, mit einem Lächeln auf den Lippen.
Sie setzen gerade einen großen Heilungsprozess in Bewegung.
Senden Sie die Liebe bewusst irgendwohin, zu jemandem, der es
braucht, zu einer Situation und auf jeden Fall zu Ihrem Pferd.
Wenn Sie fühlen, dass Sie alles um sich herum lieben können,
fremde Menschen, Bäume, Tiere, einfach alles, dann sind Sie in dem
Zustand der bedingungslosen Liebe angekommen. Und in diesem
Moment ist das Leben einfach nur Freude und Glück. Stimmt's?
Stellen Sie sich bildlich vor, dass Sie Ihr Pferd im Herzen tragen.

Wenn Sie nun zu Ihrem Pferd gehen, öffnen Sie Ihr Herz ganz bewusst, lächeln Sie und atmen Sie Liebe ein. Spüren Sie die Ruhe, den Frieden, empfinden Sie Ihre eigene Größe, da Sie nun von Liebe und Geist erfüllt sind und sich nicht mehr von den Sorgen oder Ängsten des kleinen, verletzlichen Ego leiten lassen?

Und in diesem wunderbaren Zustand reinen Seins verbringen Sie die Zeit mit Ihrem Pferd.

Ob Sie reiten oder was auch immer Sie gemeinsam tun, es wird einen tiefen Zauber haben, eine wahre Verbindung. Und diese wird jeder um Sie herum wahrnehmen.

Und sollten Sie aus diesem Zustand herausfallen, was sicher hier und da passieren wird, reicht ein Atemzug: einatmen – Liebe – lächeln – Herz bewusst öffnen.

Energiepunkte für die Reitbahn

Wir wissen nun, dass Gedanken und Worte Energie sind, die unser Äußeres verändern. Wir wissen aber auch, wie schwer es ist, in einer Reiteinheit ganz bei sich und in seiner Konzentration sowie bei seinen positiven inneren Intentionen zu bleiben.

Ablenkungen von außen und vor allem die eigenen Befindlichkeiten, in erster Linie belastende Emotionen, bringen uns unter Umständen immer wieder aus der angestrebten glückseligen Energie mit dem Pferd. Was kann uns außer bewusstem Atmen und Meditation noch helfen, um schnell wieder in die Achtsamkeit zurückzufinden?

Vielleicht kleine energetische Gedächtnisstützen – Energiepunkte für die Reitbahn. Ich nenne sie mal der Einfachheit halber: EPIs.

Wozu von A nach C reiten oder von M zu K, wenn man doch viel schöner und stimmungsvoller von Geduld zu Timing reiten könnte? Oder von Liebe zu danke/Pause? Und ist es nicht vielleicht hilfreicher, am Mutpunkt anzugaloppieren als bei F?

Wenn Sie am Fokuspunkt vorbereiten, werden Sie Ihren Fokus einsetzen, das verspreche ich Ihnen! Und wenn Ihr Pferd zur Seite scheut, während Sie auf den Punkt Liebe zureiten, so werden Sie sicher gelassen darüber lächeln, anstatt es zu strafen.

Eine Reitbahn, mit folgenden EPIs ausgestattet, hat eine ganz eigene, besondere Energie, der Sie sich nicht entziehen können.

Meine Reitbahn ist mit folgenden Punkten versehen. Diese halte ich persönlich für sehr unterstützend, um eine schöne gemeinsame Reiteinheit zu erleben:

1. Liebe

Das brauche ich wohl nicht näher zu erklären. Im vorangegangenen Kapitel habe ich hoffentlich ein ausreichendes Plädoyer für die Liebe beim Reiten gehalten. Es ist die untrennbare energetische Verbindung zwischen Ihnen und Ihrem Pferd, die Ihrem gemeinsamen Tun einen für alle erkennbaren Zauber gibt.

2. Intention (Konzentration)

Achtsam und gegenwärtig ein inneres, positives Bild von Ihren gemeinsamen Bewegungen kreieren. Eine Intention aussenden und diese leise aussprechen. Denken Sie dabei an die Gedanken-Wort-Energie.

Ihr Pferd wird Sie verstehen. Es kramt geradezu in Ihrem Kopf nach einem Bild, das Sie haben. Nutzen Sie das. Und scheuen Sie sich nicht davor, es auszusprechen, nur weil andere es hören könnten: Schulterherein ... brav ... danke ... wieder gerade ... langsam ... Volte ... kreisrund ... und angaloppieren ... Travers ... brav ... danke. Und so weiter ...

Wenn Sie mit Ihrem Pferd eine Lektion üben, die es noch nicht kann, kreieren Sie in Ihrem Kopf das hoch konzentrierte Bild der perfekten Lektion und lassen Sie Ihr Pferd dieses „lesen". Mal sehen, was passiert ...

3. Fokus

Sie glauben gar nicht, wie wichtig es ist, dass der Blick vorausreitet. Das Pferd wird Ihrem Fokus (Gedankenintention) folgen. Nicht ganz nebenbei geben Sie, mit Fokus geritten, auch die perfekte Gewichtshilfe. Wenn Sie ein Pferd frei, ganz ohne Sattel und Trense reiten, entdecken Sie, wie wichtig der Fokus ist und wie gerne ein Pferd dieser feinen Hilfe folgt. Das Pferd läuft förmlich der Energie Ihrer Augen nach.

Auch Kinder können schon ganz wunderbar mit Fokus reiten und sind oft erstaunt, wieso das widersetzliche Pony plötzlich so harmonisch ihrem Blick folgt. An etlichen kleinen Reitanfängerinnen, denen es noch an Konzentration, Koordination und einigem anderen altersentsprechend mangelt, darf ich immer wieder feststellen, wie toll sie ihr Pony lenken, wenn sie die Zügel ein wenig hingeben und sich auf ihren Blick konzentrieren. Die braven Ponys laufen dem fast immer dankbar hinterher. Übrigens auch in der Bodenarbeit, beim Führen.

4. Spiel

Ja, Reiten ist Kunst, und Kunst ist ein Spiel mit den eigenen Möglichkeiten und Talenten, Ihren Talenten und denen Ihres Pferdes.

Für mich ist Reiten ein Spiel, an dem sowohl ich als auch mein Pferd Freude haben soll. Sonst mag ich nicht reiten – wozu auch?

Spiel steht auch im Gegensatz zu Fleiß, Anstrengung, Verbissenheit und Perfektion, was man eher mit dem häufig verwendeten Wort „Arbeit" verbindet, das oft für die gemeinsame Zeit mit dem Pferd verwendet wird. Ich höre oft Formulierungen wie: „Hast du heute schon mit deinem Pferd gearbeitet?" Nein, ich „arbeite" nicht mit meinem Pferd. Ich strebe eher das Spiel und die Freude miteinander an. Und die haben wir dann meistens auch, selbst wenn es mal in kurzen Phasen etwas anstrengender wird. Selbstverständlich kann Arbeit auch Freude machen. Aber sensibilisieren Sie sich mal für Ihre Sprache und Begrifflichkeiten im Umgang mit dem Pferd und spüren Sie nach, was Sie bei manchen häufig verwendeten Worten wirklich empfinden.

5. Pause

Das wird tatsächlich gerne mal vergessen: nach etwas Gelungenem immer mal wieder eine kleine Pause in der Reiteinheit einzulegen und Entspannung zuzulassen. Das lässt Pferde zufrieden und locker bleiben und vor allem auch gut lernen. Und auch für Sie selbst ist es wichtig, zwischendurch geistig auf dem Pferd völlig abzuschalten.

Viele Pferde können die Pause erst dann richtig annehmen, wenn sie „lesen", dass sich im Kopf ihres Menschen nichts befindet, was sie erfüllen sollen. Sie halten sonst eine innere Spannung aufrecht, treten unruhig herum, bis ihr Mensch endlich innerlich loslässt und an gar nichts mehr denkt – oder nur noch an all die banalen Dinge, die das Pferd auch sonst reichlich im menschlichen Kopf wahrnimmt und die es nicht weiter interessieren.

In den kleinen Pausen setzt sich das, was das Pferd gerade lernte, ungemein fest.

Und Pausen sind ein hochwirksames Lob: also Pausen am besten, nachdem etwas gut gelungen ist, und nicht gerade nach kleinen unangenehmen Alleingängen Ihres Pferdes.

6. Danke

Dankbarkeit für das Gemeinsame und das Gelungene zu fühlen und diese auch an das Pferd weiterzugeben, ist ein schönes Ritual, das die Verbindung zwischen Ihnen beiden stärkt. „Danke" ist ein großartiges Wort, ein Mantra, das heilend wirkt. Warum sollte man sich nicht bei seinem Pferd bedanken? Zum Beispiel dafür, dass es einen so geduldig auf seinem Rücken trägt. Oder dass es versucht, unsere Wünsche umzusetzen. Das alles ist schließlich keineswegs selbstver-

ständlich. Das Pferd tut viel für uns, es verbiegt sich im wahrsten Sinne des Wortes für anstrengende Lektionen oder trägt uns stundenlang in der Natur herum. Dankbarkeit zu fühlen ist da doch eigentlich das Mindeste.

Ergänzende Energiepunkte:

Das also sind meine persönlichen Energiepunkte für die Reitbahn. Aber vielleicht brauchen Sie noch andere, ergänzende Punkte für Ihre ganz individuelle Situation.

Vielleicht einen Mutpunkt zum Angaloppieren oder einen Geduldpunkt, um nicht so schnell die Nerven zu verlieren?

Ich führe hier noch sieben weitere Energiepunkte auf, die meines Erachtens oft ein Thema bei Reitschülern und Reitschülerinnen sind. Sicher fallen Ihnen noch eine ganze Reihe anderer Worte ein, die zwar nicht angeführt, aber ebenfalls sehr wichtig sind. Seien Sie kreativ, ein Holzschild und ein bisschen Farbe genügen für Ihre ganz persönlich gestaltete Reitbahn.

Mut

Den nächsten Schritt zu wagen und dadurch die Angst zu integrieren, erfordert Mut. Ich kenne viele sehr ängstliche Menschen, die auf Pferden unterwegs sind. Angst ist ein riesengroßes Thema. Es nützt gar nichts, diese verdrängen zu wollen. Nehmen Sie Ihre Angst ernst, aber geben Sie ihr auch ein starkes Gegenüber: Mut.

Geduld

Da brauche ich wohl nicht viel zu erklären. Geduld mit dem Pferd, das ist eine Tugend, die wir alle ausgeprägt haben sollten. Und dennoch waren wir alle sicher schon das eine oder andere Mal hart an der Grenze unserer Geduld angekommen.

Was in Bezug auf Geduld nicht ganz so oft wertgeschätzt wird, ist auch die Geduld mit uns selbst. Man möchte es unbedingt endlich richtig hinkriegen, erkennt immer wieder die eigenen Grenzen, ist hart gegen sich selbst und verspannt sich am Ende restlos. Bleiben Sie ruhig, üben Sie geduldig weiter und freuen Sie sich über kleine Schritte – bei Ihnen und bei Ihrem Pferd.

Freude

Wenn man keine Freude beim Reiten empfindet, kann man es gleich sein lassen. Wozu sollten wir sonst reiten? Sie haben schließlich nicht irgendwann mit dem Reiten angefangen, weil Sie ein Hobby suchten, bei dem Sie für viel Geld Angst, Stress und Anstrengung empfinden wollten. Und sicherlich hatten Sie es sich auch nicht vorgestellt, in den Reitstunden von Ihrem Trainer demotiviert zu werden. Reiten Sie – und freuen Sie sich dabei! Deswegen tun Sie es doch und investieren viel Zeit und Geld und Engagement. Freude, für sie beide, für Pferd und Mensch, das sollte das gemeinsame Ziel sein.

Timing

Timing ist ein wichtiger Punkt. Den richtigen Moment der Hilfengebung zu finden ist etwas, das man nur Erfühlen kann. Klingt seltsam, ist aber so. Man muss das Hineinspüren ins Pferd lernen oder, besser formuliert, mehr und mehr erfahren. Das kann leider kaum ein Trainer oder eine Trainerin vermitteln. Viel Gefühl, Konzentration und vor allem empathisches Reagieren sind wichtig. Im Grunde muss man der Reaktion des Pferdes mit den Hilfen einen Moment voraus sein. Man muss das Pferd antizipieren. Und um das wiederum zu können, ist es wichtig, „im Pferd zu sein" und seine Reaktionen zu erahnen, zu lesen und quasi selbst zum Pferd zu werden. Lassen Sie sich Zeit, mit der Erfahrung kommt auch ein immer besseres Timing zustande.

Loslassen

Wir Menschen haben mit dem Loslassen so unsere Probleme, und das nicht nur beim Reiten. Oft schleppen wir einen ganzen Rucksack voll Dinge mit uns herum, die man besser loslassen sollte. Beim Reiten könnte das die innere und äußere Anspannung sein, ablenkende Gedanken, Angst vor Kontrollverlust, Angst vor den Wertungen anderer, ein zu hoher Erwartungsdruck, Ehrgeiz. Sie wissen selbst am besten, was Sie loslassen sollten, um mehr Freude und Leichtigkeit beim Reiten zu empfinden.

Präsenz

Seien Sie ganz da. Ihr Pferd will Sie! Es will Sie mit all dem, was Sie an Positivem zu bieten haben. Das gibt ihm Vertrauen und das

so wichtige Gefühl von Schutz und Führung. Das Pferd wird Ihre Präsenz immer und immer wieder antesten, und wenn es spürt, Sie sind für Sie beide da und übernehmen die Führung, kann sich Ihr Pferd auch vertrauensvoll hingeben. Präsenz beim Reiten bedeutet, mit ganzer Energie anwesend zu sein und die führende Position im spielerischen Tanz liebevoll und verantwortungsbewusst zu übernehmen. Die eigenen Ideen zu vermitteln und dem Pferd durch Ihren Herzenswillen das Gefühl zu geben, es sei auch seine Idee.

Selbstschutz

Ja, manche Menschen brauchen beim Reiten auch diesen Punkt: „Selbstschutz". Angst ist ein Schutzmechanismus, und gar keine Angst zu haben, wünschen sich zwar viele, ist aber nicht immer bewundernswert. Gerade junge Menschen haben mit dem Selbstschutz ihre Probleme. Doch einige Jahre und vielleicht sogar Unfälle später erkennen sie, wie wichtig ein gewisses Maß an Eigenverantwortung ist – wenn die Knochen nach einem Sturz dann doch anfangen – weh zu tun oder ihnen langsam bewusst wird, welche Konsequenzen ein Unfall mit dem Pferd für das ganze weitere Leben bedeuten könnte. Auch Männer gehen manchmal gerne über ihre eigenen Grenzen. Es wird durch die Sozialisation quasi von ihnen erwartet.

Reiten ist gefährlich, da braucht man sich nichts vorzumachen. Selbstschutz muss nicht immer nur heißen, dass man sich vor seinem eigenen riskanten Verhalten schützen muss, sondern vielleicht auch vor unangenehmen Situationen, vor Menschen oder belastenden Energien um sich herum.

Wenn Sie dazu neigen, wie auch immer über Ihre eigenen Grenzen zu gehen, dann könnte dieser Punkt in der Reitbahn etwas für Sie sein.

ENERGIEKARTEN FÜR EINE BEWUSSTE BEZIEHUNGSZEIT MIT DEM PFERD

Kennen Sie das? Sie sind gerade im Stall bei Ihrem Pferd angekommen, wollen Zeit mit ihm verbringen und sind doch heute irgendwie sehr uneins mit sich selbst. Der Tag war anstrengend, Sie haben sich diese freie Zeit bei Ihrem geliebten Tier regelrecht abknapsen müssen

und wissen nun nicht genau, was Sie mit Ihrem Pferd machen wollen. Eigentlich müssten Sie trainieren, die Muskulatur stärken oder dem Bewegungsdrang Ihres Pferdes gerecht werden. Doch etwas in Ihnen spürt, dass Sie vor allem auch sich selbst gerecht werden müssen. Kurzum, es gibt da eine Diskrepanz zwischen dem, was Sie vermeintlich müssten und dem, was tiefer in Ihnen gärt, sozusagen ein leises Aufmerken Ihrer Seele. Ihr Pferd braucht Ihre Authentizität und hinter „müsste" und „sollte" steckt so wenig davon.

Die Zeit – die Stunde bei Ihrem Pferd –
gehört nur Ihnen beiden.

Manchmal ist es so schwierig herauszufinden, was man tatsächlich möchte. Vielleicht wagt man nicht einmal, seine eigenen Bedürfnisse vor sich selbst preiszugeben – weil man ein sehr zielstrebiger Mensch ist, der sich selten Müßiggang erlaubt oder vermittelt bekam, dass man nur „vernünftig mit dem Pferd arbeiten" darf oder sich eben überhaupt selten eine Auszeit von dem Bild einer „Powerfrau" gönnt.

Vielleicht wollen Sie an diesem Tag auch etwas Besonderes mit Ihrem Pferd machen und Sie wissen, dass Sie sich dazu in eine bestimmte Energie begeben müssen.

Oder es kommt Ihnen in den Sinn, mal etwas völlig anderes, etwas Neues mit dem Pferd auszuprobieren, um eine schöne gemeinsame Zeit zu haben. Vielleicht ist auch etwas beim letzten Mal zwischen Ihnen und Ihrem Pferd nicht gut verlaufen. Nun spüren Sie so ein Ungleichgewicht in der Begegnung. Sie sind ratlos und benötigen eine kleine energetische Unterstützung, sozusagen einen Übersetzer Ihrer Seele.

Für all diese Momente, in denen Sie „nicht so recht wissen", hätte ich vielleicht etwas für Sie: 57 kleine Wegweiser, um in die passende Energie für die Zeit mit Ihrem Pferd zu kommen. Wir bewahren sie in Form von kleinen Kärtchen, auf denen die entsprechenden Wortbotschaften geschrieben stehen, in einem kleinen Säckchen auf, das stets griffbereit in der Sattelkammer hängt und je nach Bedarf zum Einsatz kommt. Sie sind recht einfach selbst herzustellen. Schreiben Sie die 57 Wörter auf die entsprechende Anzahl Kärtchen und suchen Sie sich ein Behältnis, vielleicht ein Säckchen oder ein kleines Kistchen, aus dem Sie eine Karte blind herausziehen können. Diese Energiekarten sind wunderbare Helfer der eigenen Intuition.

So können Sie Ihrer Seele die Möglichkeit geben, sich auszudrücken.Die Kärtchen sind kleine Begleiter für eine intensive, wahrhaftige Zeit mit dem Pferd und können dabei helfen, Entscheidungen zu treffen, mehr Klarheit zu finden, neue Wege auszuprobieren, überraschende Einsichten zu erhalten oder sogar ungeahnten Möglichkeiten Raum zu geben, die einen sonst vielleicht nie in den alltagsbewussten Sinn gekommen wären.

Wir verwenden diese Karten immer dann, wenn sie uns mal wieder „zufällig" in den Sinn kommen oder wenn wir bewusst eine kleine energetische Krücke brauchen. Sie können auch eine interessante und nützliche Ergänzung bei therapeutischen Prozessen am und auf dem Pferd sein. Ich benutze sie auch gerne für den Reitunterricht. Dann ergibt sich manchmal ein völlig anderes Thema, als man sich vorgenommen hatte, und man stellt hinterher fest, wie sinnvoll es war, mit der Energie zu arbeiten, die die Karte beziehungsweise das Unterbewusste der Reitschülerin oder des Reitschülers vorschlug. Wenn Sie wollen, experimentieren Sie damit; vielleicht können diese Karten zu einer kleinen Ergänzung im bewussteren Alltag mit Ihrem Pferd werden.

55 Wörter für eine bewusste Zeit mit dem Pferd

* Konzept
* Spiritualität
* Timing
* Kreativität
* Balance
* Disziplin
* die eigene Mitte finden/ wahrnehmen
* Neues wagen
* Freude
* Heilung
* Konzentration
* Körperlichkeit
* Mut
* Erdung
* Energie
* Sensibilität
* Spiel
* Lerneifer
* Tanz
* Kommunikation
* Geduld
* Meisterschaft
* Vertrauen
* Führung
* Grenzen wahrnehmen
* Akzeptanz
* Wahrnehmung

* Nähe
* Achtsamkeit
* Herz öffnen
* Takt und Tempo
* Bildung
* Loslassen
* Freiheit
* Entspannung
* Verantwortung
* Dankbarkeit
* Bereitschaft
* Fokus
* Klarheit
* inneres Bild
* Begeisterung
* Kunst
* Hingabe
* Leidenschaft
* Authentizität
* Meditation
* Zielstrebigkeit
* Liebe
* Zuversicht
* Verbindung
* Vergebung
* Herzenswille
* Partnerschaft
* Verständnis

Verbindungsritual

Das Verbindungsritual habe ich bereits in meinem Buch *Dein Pferd – Spiegel deiner Seele* beschrieben. Ich finde es aber so schön und hilfreich, dass ich es hier der Vollständigkeit halber noch einmal aufführen möchte. Für eine tiefer gehende gemeinsame Zeit mit dem Pferd gehört dieses Ritual meiner Meinung nach dazu.

Ich habe es in den letzten Jahren so viele unterschiedliche Menschen praktizieren lassen und war jedes Mal wieder tief gerührt zu sehen, wie Mensch und Pferd ganz still zu einer Einheit wurden. Ich habe das Verbindungsritual Kinder mit ihren Ponys machen lassen, und es war zauberhaft. Selbst die Allerkleinsten, Vierjährige aus meiner Reittherapiegruppe, konnten sich auf diese Weise so mit dem Pferd verbinden, dass es einen zum Weinen brachte.

Es ist nicht schwierig, man muss gar nichts Besonderes können, nur ruhig in sich werden und das Pferd bewusst lieben. Denken Sie zur Einstimmung an die Herzübung. Dann stellen Sie sich an den Kopf des Pferdes. Sehen Sie, wie wunderbar es ist, wie schön und wie sehr sie es lieben.

Nun legen Sie Ihre Handfläche vorsichtig und langsam auf die Stirn Ihres Pferdes, genau dort, wo der kleine Fellwirbel ist. Lassen Sie die Liebe aus Ihrem Herzen durch die Handfläche zu Ihrem Pferd strömen. Lächeln Sie, atmen Sie ruhig und tief. Sie können die Augen schließen oder liebevoll Ihr Pferd dabei beobachten, wie es die Verbindung, die Liebe, die Sie ihm senden, genießt und seinerseits vermutlich langsam die Augen schließt.

Kindern sage ich immer, dass sie sich vorstellen sollen, wie lieb sie ihr Pony haben, während sie ihre kleine Hand auf die Stirn des Pferdes legen.

Zusätzlich können Sie noch eine Hand sanft auf den Nacken des Pferdes legen, während die andere auf der Pferdestirn ruht.

Bislang hat jedes Pferd, das ich bei diesem Ritual beobachten durfte, sehr schnell darauf angesprochen und den Kopf fallen lassen, die Augen halb oder ganz geschlossen. Oft kuscheln die Pferde ihren Kopf an die Brust des Menschen und tauchen mit ihrer Stirn regelrecht in das geöffnete Herz hinein.

Wenn das Pferd „satt" ist von der Nähe, lassen Sie es gehen. Zwingen Sie es nicht dazu, das ist nicht im Sinne der Übung. Es kann sein, dass das Pferd nach einigen Sekunden genug hat oder im anderen Extrem auch gar nicht genug davon kriegen kann. Ich habe Schulpferde erlebt, die lange, lange an der Liebe des Menschen auftanken wollen. Endlich einmal ...

Sie sind auf diese Weise mit dem Pferd mehr verbunden, als Sie vielleicht denken. Durch die Liebe, die Sie in Ihrem Herzen spüren, und die bewusste, aktive Wahrnehmung dessen, geht der Empfänger, in diesem Fall das Pferd, mit Ihnen in eine Schwingung.

Es wurde festgestellt, dass sich die Gehirnwellen von einander nahestehenden Menschen, die sich einander berührten, anglichen, sofern sich die Menschen auf liebevolle Gedanken im Herzen konzentrierten.

Mir scheint, dieses Angleichen funktioniert auch ausgezeichnet zwischen Mensch und Pferd. Beim Verbindungsritual schwingen Sie beide auf einer gemeinsamen Welle.

Konzept für eine Reiteinheit

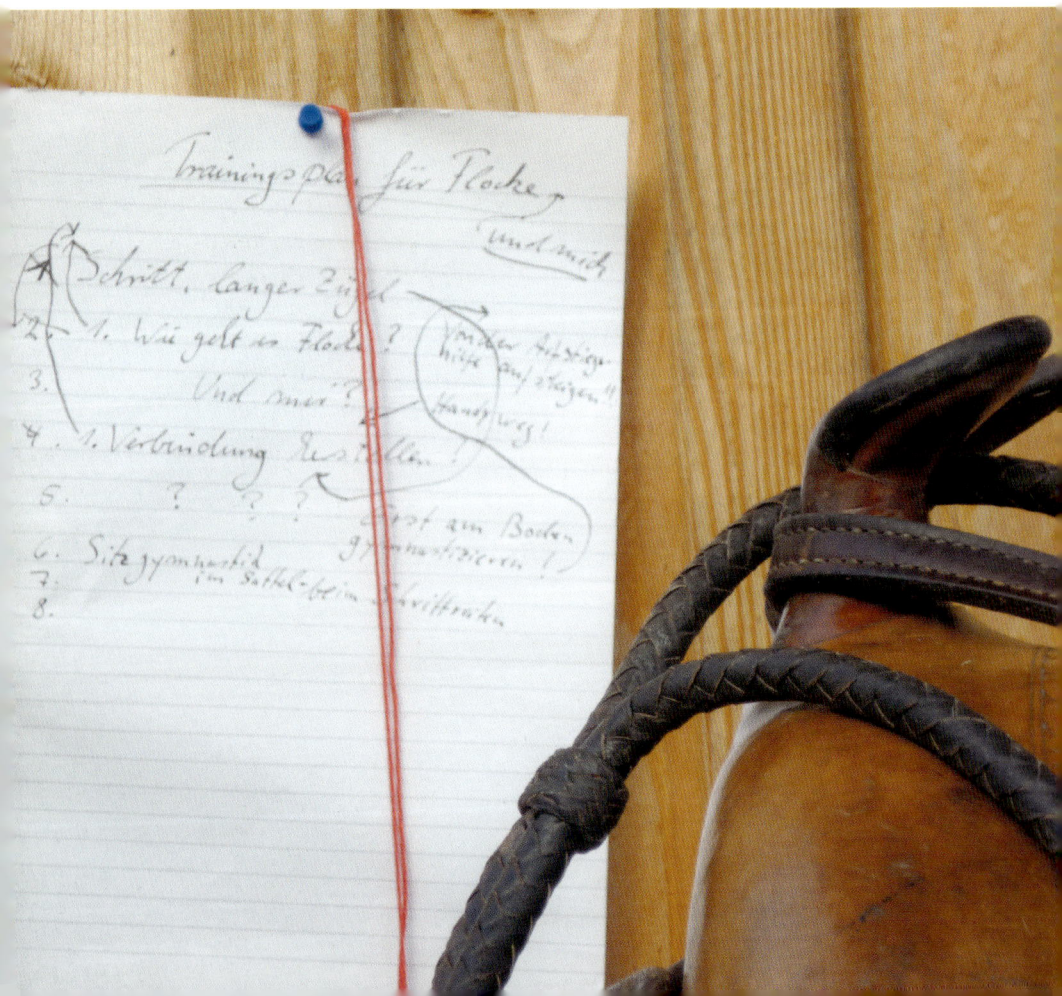

Nun sind bis hierher schon einige Informationen zusammengekommen und möglicherweise denken Sie: Das sind ja alles nette Ansätze und Ideen, aber wie könnte das konkret im Alltag aussehen?

Ich bin schon öfter mal auf ein Konzept für eine Reiteinheit angesprochen worden. Viele Reitschülerinnen und Reitschüler sind engagiert im Unterricht, nehmen alles in sich auf, und wenn die Trainerin dann weg ist, fehlt ihnen das Konzept, eine Einheit selbst zu planen und umzusetzen.

Ich mache Ihnen hiermit einen Vorschlag, wie eine bewusste, achtsame und liebevolle Reiteinheit mit Ihrem Pferd nach meiner Idee aussehen könnte.

Sie kommen also in den Stall. So ein bisschen hängt Ihnen noch der stressige Alltag hinterher. Als Erstes lassen Sie Ihr Handy im Auto, es sei denn, Sie wollen ausreiten.

Nun wäre der passende Moment da, in dem Sie achtsam und gegenwärtig werden. In diesem stillen Raum von Bewusstheit kommen vielleicht Empfindungen auf:

Mögen Sie den Stall, in dem Ihr Pferd steht? Hat er eine gute Energie? Können Sie sich hier wohlfühlen und entspannen? Ist dieser Ort sozusagen eine kleine Oase in Ihrem Leben, wo Sie auftanken können? Mögen Sie die (meisten) Menschen um sich herum? Können Sie sich gesund abgrenzen und ganz bei sich bleiben?

Wie viele Fragen konnten Sie mit Ja beantworten? Wenn Ihnen allerdings mehrere Nein in den Kopf kamen, sollten Sie vielleicht darüber nachdenken, den Stall zu wechseln.

Doch nun zurück zum Nichtdenken, zur Achtsamkeit.

Lassen Sie den Alltag hinter sich und werden Sie still. Das ist einfach gesagt, weiß ich.

Bewusstes Atmen hilft.

Jetzt wäre ein guter Moment für die kleine Achtsamkeitsübung:

* Einatmen – lächeln – Liebe – Ruhe
* Ausatmen – lächeln – Stille – spüren, was ist

Vielleicht mögen Sie sich vorstellen, wie Sie Liebe und Ruhe einatmen und alles Belastende wieder ausatmen.

*Konzentrieren Sie sich auf Ihr Herz,
auf Ihren Geist, und spüren Sie, wie sich diese
beiden Kraftzentren ausdehnen.*

Öffnen Sie diese ganz bewusst, wie zwei riesige Lichter, die nach außen strahlen wollen.

Ihr Pferd steht vielleicht auf dem Paddock, wartet auf Sie, schaut Sie an. Lieben Sie Ihr Pferd in diesem Moment? Sagen Sie es ihm, ganz egal, wie weit Sie beide vielleicht noch voneinander entfernt sind. Sie wissen ja, liebevoll ausgesendete Gedanken erhellen das Licht des anderen. Das Pferd wird es spüren.

Nun könnten Sie eventuell, falls Ihnen danach ist, ein Energiekärtchen ziehen, das sich in einem Säckchen in Ihrem Sattelschrank befindet. Mal schauen, was Ihr Unterbewusstes für diesen Tag geplant hat.

Nachdem Sie Ihr Pferd begrüßt haben und es als Nächstes pflegen wollen, versuchen Sie, auch dabei achtsam und gegenwärtig zu bleiben. Nehmen Sie einfach nur wahr, was Sie tun, und lassen Sie alle nutzlosen Gedanken weiterziehen, ohne sich mit ihnen zu identifizieren. Machen Sie nicht drei Dinge gleichzeitig, sondern widmen Sie sich nur Ihrem Pferd und dem, was Sie dabei empfinden. Haben Sie schon einmal bewusst den Körper Ihres Pferdes nur mit den Händen abgestrichen und angefasst? Das ist ganz faszinierend. Greifen Sie mal wie ein Kind in sein Fell und spüren Sie den Körper des Pferdes. Nehmen Sie seine Wärme, seine Muskeln und Knochen wahr, streichen Sie einmal überall entlang und denken sich: Das also ist mein Pferd.

Ihnen wird nichts entgehen. Keine Befindlichkeitsäußerung Ihres Pferdes bei der Berührung, beim Striegeln oder Satteln wird Ihrer Aufmerksamkeit entgehen. Und Ihr Pferd wiederum wird auf Ihre ruhige, tiefe Energieausstrahlung mit allerfeinsten Signalen reagieren. Sie werden spüren, wie verbunden Sie beide sind. Halten Sie einfach Ihren Kopf und Ihr Herz für Ihr Pferd offen und kommunizieren Sie in klaren Bildern, Intentionen oder leisen Worten – vermeiden Sie Verneinungen. Das Pferd wird auf Ihre Gedanken eingehen, auch bei so banalen Dingen wie zum Beispiel, dass es bitte zur Seite treten soll oder alle vier Hufe still am Boden halten oder den Kopf zum Auftrensen senken. In der Reitbahn angekommen, wäre noch vor dem Aufsteigen das

Verbindungsritual der nächste Schritt. Verharren Sie in trauter Zweisamkeit mit Ihrem Pferd und leiten Sie damit eine schöne gemeinsame Reitzeit ein. Kümmern Sie sich dabei nicht um andere Menschen, die Sie beide vielleicht beäugen oder irritiert von der Nähe zwischen Ihnen und Ihrem Pferd sind. Ein jeder sagt, er liebe sein Pferd, doch ich sehe das nur sehr selten. Was heißt lieben? Füttern, pflegen und neue Decken oder Halfter kaufen? Achten Sie mal darauf, wie viele Menschen Sie in inniger Verbundenheit mit ihrem Pferd schmusen sehen. Das sind nicht allzu viele. Nun könnten Sie Ihr Pferd einige Runden im ruhigen Schritt an der Hand schulen und gymnastizieren.

Zuerst lassen Sie es im Stand den Kopf und Hals nach links und rechts willig und entspannt nachgeben. Wenn das gut klappt, gehen Sie ein bisschen mit dem Pferd durch die Bahn und überprüfen Sie, wie sehr es Ihre Führung und Präsenz heute achtet.

Danach ist Schulterherein auf beiden Händen mit seitlichem Übertreten in der Volte eine schöne Übung. Dann steigen Sie sachte mit einer Aufstiegshilfe auf. Vielleicht bitten Sie im Stand Ihr Pferd noch einmal, locker dem Zügel nach links und nach rechts nachzugeben, so weit, dass Sie seine Stirn vom Sattel aus streicheln können. Diese Übung werden wir im Kapitel „Angst" noch genauer kennenlernen.

Nun reiten Sie im ruhigen Schritt durch die Bahn und lassen sich von den Energiepunkten einstimmen. Fühlen Sie, wie großartig Ihr Pferd ist und wie schön es ist, auf seinem Rücken getragen zu werden und sich mit ihm in seiner ganz eigenen Art zu bewegen, durch die Bahn zu schreiten. Ihr Herz und Ihr Geist sind offen. Nun sagen Sie Ihrem Pferd, was Ihre unmittelbar nächste Idee ist. Und ich meine wirklich „sagen"! Sprechen Sie es für Ihr Pferd aus. Denken Sie an das Kapitel „Intention". In Ihrem ausgesprochenen Wort steckt ein klar gesendetes Bild, das Ihr Pferd empfängt. Wenn Sie mir nicht glauben, tun Sie mir den Gefallen und versuchen es wenigstens. Es könnte ein Aha-Erlebnis für Sie werden.

Zum Beispiel:

Lange Seite lockere Innenstellung – Geradestellen – Innenstellung. Mit dieser Stellung in die Biegung einer Bahnfigur gehen – Handwechsel – dasselbe auch hier.

Zwischendurch nicht vergessen, „danke" zu denken oder zu sagen. Aus der Innenstellung könnte ein Schulterherein entwickelt werden, falls Sie beide schon so weit sind. Schulterherein auf der Geraden, beide Hände. Dann eine Acht um zwei Pylonen herum reiten, in der Größe von kleinen Zirkeln. Diese nutzen für Innenstellung, Außenstellung, seitliches Übertreten.

(Sind Sie bereits beide fortgeschritten, könnten noch Konterschulterherein, Travers und Renvers dazukommen.)

Das könnte bis hierher Ihr sogenanntes Aufwärmritual werden. Es ist sehr sinnvoll, zum Warmreiten einen immer wiederkehrenden Ablauf zu nutzen, der im ruhigen Schritt ausgeführt wird. Das Pferd weiß schnell, worum es geht, und macht konzentriert mit, und Sie werden mit jedem Mal erleben, dass es feiner und beweglicher wird. Und Sie werden dadurch auch feststellen, ob es irgendwo plötzlich bei Übungen hakt, die sonst geschmeidig gehen. Dann wissen Sie schnell, dass Ihr Pferd ein Problem plagt.

Zusätzlich zum Aufwärmritual der Seitengänge kommt Anhalten – Rückwärtstreten – wieder Anreiten.

Ein gutes Rückwärtstreten des Pferdes ist eine sehr sinnvolle gymnastische Übung. Sie stärkt die Hinterhand ungemein für versammelnde Übungen, richtet auf, lässt das Pferd leicht an der Hand werden, wölbt den Rücken und noch einiges mehr. Und Sie dürfen und sollten ruhig mehr als nur drei bis fünf Tritte machen.

Nicht vergessen: Denken Sie die ganze Zeit über an Liebe, Intention/ Konzentration, Fokus, Spiel, Pause, Danke und was vielleicht noch Ihr persönlicher Energiepunkt ist.

Nun geht es in den Trab.

Achten Sie auf Takt und Losgelassenheit.

Zunächst große Bögen reiten, Schlangenlinien mit deutlichem Umstellen der Stellung und Biegung an den Mittelpunkten, sozusagen in der altmodischen Form von damals geritten.

Reiten Sie Ihr Pferd so lange in Dehnungshaltung, wie es diese braucht.

Zirkel und die Figur Acht in Innenstellung und Außenstellung. Viele Tempounterschiede wie Schritt – Trab – Übergänge und auch innerhalb der Gangart für ein paar Schritte Tempo zurücknehmen und wieder herauslassen. Das Ganze auf der Geraden und auf dem Zirkel. Eventuell den Zirkel verkleinern und wieder vergrößern.

(Sind Sie beide fortgeschritten und beherrschen schon die Seitengänge, dasselbe Programm wie im Schritt, Schulterherein, Übertreten, Konterschulterherein, Travers, Renvers, Traversalen auf beiden Händen, zum Beispiel in einer Acht.)

Auch jetzt wieder anhalten, rückwärtstreten, wieder antraben – das Ganze mehrmals.

Lassen Sie Ihr Pferd mit seiner Balance ins Vorwärts und Rückwärts spielen. Dadurch wird es immer geschmeidiger und beweglicher und sehr aufmerksam für Ihre Hilfen.

Zur Erinnerung: Alles ist ein Spiel, Bewegungsfreude, ein Miteinander-Verschmelzen, ein Tanz durch die Reitbahn! Wenn Sie spüren, dass alles im Fluss ist, dass Sie und Ihr Pferd Freude an dem Ganzen haben, dann ist alles richtig und Sie haben ein hohes Ziel erreicht!

Gönnen Sie sich und Ihrem Pferd Pausen. Stehen Sie am hingegebenen Zügel eine Weile herum, am besten nach einer gelungenen Aktion. Geben Sie Ihrem Pferd eine Futterbelohnung nach einer Übung.

Nun wäre wieder ein Moment für die Achtsamkeitsübung.

Liebe einatmen – lächeln – Ruhe spüren – ausatmen – Dankbarkeit fühlen!

Nicht viel denken, nur wahrnehmen, vielleicht die Atmung Ihres Pferdes, seine Ruhe und das Gefühl von Verbundenheit.

Jetzt könnte die Galoppphase kommen. Angaloppieren aus dem Trab oder Schritt, ein paar Zirkel links, einfacher Wechsel, ein paar Zirkel rechts, falls Ihr Pferd schon genug Kraft dafür hat. Auch hier wieder Innenstellung und Außenstellung üben.

Um den Pferderücken zu lockern, Trab-Galopp-Übergänge reiten, ein paar Mal auf jeder Hand.

Je nach Pferd kurze Reprisen im Galopp, um es nicht zu ermüden. Wenn Ihr Pferd hingegen gerne lange galoppiert und gut ausbalanciert ist, variieren Sie die Bahnfiguren. Galoppieren Sie sozusagen

über den Platz, spazieren und kombinieren Sie dabei große Bögen und wieder Geraden. Das fordert Ihr Pferd und zeigt, ob es sich geradestellen lässt und Sie seine Schultern kontrollieren können. Außerdem können Sie so feststellen, wie gut Ihre Hilfen angenommen werden. Die Mischung, Bögen und wieder Geraden zu galoppieren, ist gut für die Koordination von Mensch und Pferd und fordert viel flexibles Denken und Handeln von beiden.

Schritt-Galopp-Übergänge, um den Galopp mehr und mehr zu versammeln, wären eine nächste weiterführende Übung.

Ebenfalls einfache Galoppwechsel über Schritt.

(Fortgeschrittene könnten nun die Seitengänge aus dem Schritt- und Trab-Programm auch auf den Galopp übertragen.)

Geben Sie Ihrem Pferd nach einer gelungenen Übung ein Leckerchen, das motiviert ungemein; und denken Sie auch immer wieder an die Pausen.

Wenn Sie eine spezielle Übung mit Ihrem Pferd entwickeln und es hat gut geklappt, Ihr Pferd hat es, vielleicht auch nur in Ansätzen,

einmal richtig gemacht, steigen Sie sofort ab und hören Sie mit der Einheit auf, auch wenn Sie vielleicht erst 15 oder 20 Minuten geritten sind. Die Erfahrung zeigt, dass Pferde sich so etwas hervorragend merken und auf diese Weise Lektionen fantastisch lernen.

Wichtig bei allem:
Spaß dabei haben, nicht zu sehr anstrengen und,
ganz wichtig, Liebe empfinden.

Eine Reiteinheit sollte meines Erachtens nicht länger als 25 bis 40 Minuten dauern.

Die Konzentration eines Pferdes ist nach circa 20 Minuten erschöpft, seine Muskulatur der Ausbildung und dem Maß des Geforderten entsprechend vielleicht ebenso. Und was ist mit Ihrer Konzentration und Ausdauer?

Reiten Sie am Ende der Einheit ein wenig entspannt am langen Zügel herum, falls Sie nicht aufgrund einer gelungenen Übung längst abgestiegen sind. Spüren Sie der Reiteinheit noch ein wenig nach und empfinden Sie, wie glücklich Sie das Reiten gerade gemacht hat. Geben Sie dieses Glück als Dank an Ihr Pferd weiter. Das ist ein schönes Lob für Ihr Tier.

Danke fürs Tragen (zum Beispiel auch nach einem Ausritt), danke für die gemeinsame Reitzeit, danke für seine Geduld, danke für seinen Eifer und sein Engagement, danke ganz einfach, dass Ihr Pferd Ihnen so viel Freude macht. Es gibt viele gute Gründe, sich bei seinem Pferd zu bedanken. Auch das ist Bewusstheit und Liebe. Sie bedanken sich dadurch auch bei sich selbst.

Dieses waren Vorschläge und Anregungen für die Gestaltung einer Reiteinheit, um das Pferd zu gymnastizieren.

Gönnen Sie sich aber auch viele Einheiten, die völlig anders aussehen, die nichts mit Dressur zu tun haben und keine schulenden Übungen sind. Im Grunde schult natürlich alles. Doch tun Sie noch häufiger etwas für Ihrer beider Herz und Seele.

Ausritte, Spaziergänge, freies Reiten, Spielerisches am Boden, zirzensische Aufgaben, finden Sie heraus, was Ihrem Pferd viel Spaß macht und Ihnen natürlich auch. Erlauben Sie sich das beide reichlich. Deshalb sind Sie schließlich zusammen. Sie haben ein Pferd in Ihr Leben gelassen, Sie tragen für Sie beide die Verantwortung und Sie wollen, dass Ihr Pferd es gut bei Ihnen hat und weitestgehend artgerecht leben kann. Stimmt's?

Finden Sie heraus, was die Essenz Ihrer Beziehung zueinander ist, und geben Sie dem viel Raum und Zeit.

Lassen Sie sich auf dem Weg mit Ihrem Pferd von Menschen inspirieren, deren Art, mit Pferden umzugehen, Ihnen zusagt. Doch lassen Sie sich nichts aufdrängen. Hinterfragen Sie Traditionen und Aussagen wie „Das macht man halt schon immer so". Wenn Sie kein gutes Gefühl bei einem Trainingsmodell und seinen Vermittlern haben, wird Ihr Gefühl Sie nicht täuschen. Und noch weniger wird Sie Ihr eigenes Pferd täuschen. Es wird Ihnen deutlich zeigen, zu welchem eingeschlagenen Weg es Ja sagt und zu welchem Nein. Möglicherweise könnte es auch passieren, dass Ihr Pferd Ja sagt, aber Sie nicht. Tja, dann müssen Sie klug entscheiden und sich fragen, welcher Teil in Ihnen nicht bereit für das Ja von Ihrem Pferd ist und wie Sie das nun lösen. Bleiben Sie frei in allem, was Sie mit Ihrem Pferd tun. Und wenn Sie ein älteres Pferd haben und es macht Sie beide glücklich, in der Natur zusammen spazieren zu gehen, dann bleiben Sie dabei und stehen Sie über dem milden Belächeln der anderen.

(Zu) Hohe Ziele

Frage: „Haben Sie manchmal die Befürchtung, Ihr Pferd und auch sich selbst zu überfordern? Physisch, psychisch oder gar beides? Zum Beispiel durch die eigenen Ansprüche oder schlimmstenfalls sogar durch Druck von anderen, von außen?

Ja? Dann wäre möglicherweise jetzt genau der richtige Zeitpunkt, damit aufzuhören.

Sie brauchen das nicht mehr. Sie sind bewusst genug, um darüberzustehen.

Vielleicht sind Sie ein Mensch, der sich gerne Ziele setzt und den Weg dorthin genießt. Diese Eigenschaft leben Sie auch gerne mit Ihrem Pferd aus. Oder Sie sind eher der Typ, der sich gerne treiben lässt und offen für alles ist, was so kommt und dann auch möglicherweise wieder geht. Was auch immer Ihre Philosophie ist, bleiben Sie bei dem, was Sie und Ihr Pferd ausmacht. Überfordern Sie sich und Ihren Partner Pferd nicht. Und erst recht nicht ihre Beziehung zueinander.

Lassen Sie sich nicht die Ideen anderer überstülpen und lassen Sie sich auch nicht verunsichern von irgendwelchen Trends, die gerade um Sie herum ausbrechen. Man kann sich leicht darin verlieren und immer mehr ins Wanken geraten. Und das obwohl es doch bisher recht schön mit dem eigenen Pferd lief.

Vieles um uns herum bietet wirklich gute Inspiration und es macht Spaß, sich mit dem Pferd weiterzuentwickeln und gemeinsam zu lernen. Doch manchmal kann es passieren, dass man Wegen folgt, die so gar nicht zu einem selbst und seinem Pferd passen. Man hat zwar ein mulmiges Gefühl dabei, und auch das Pferd äußert sein Unbehagen dazu recht deutlich, und dennoch wagt man es nicht so recht, diesen Pfad zu verlassen. Ihre Unsicherheit liegt darin begründet, dass dieser für Sie falsche Weg von anderen als absolut richtig und zweifels- und kritikfrei vertreten wird. Ich denke da an die vielen Reitställe, in denen noch recht verstaubte Zustände und Ansichten herrschen, wie man zu reiten hat. Und da hat man es schwer, als einzelner Mensch bei sich und seinem bewussten, achtsamen Umgang mit dem Pferd zu bleiben. Man braucht eine sehr, sehr dicke Haut, um neue Ideen und Ansichten in dogmatisch geprägten Reitställen zu leben. Doch Sie können es schaffen. Missionieren wird wahrscheinlich erfolglos bleiben. Aber Vorleben könnte eine friedliche Möglichkeit sein.

Ich habe noch ein weiteres Beispiel dafür, wie man in die Falle der „zu hohen Ziele" tappen könnte:

Sie waren auf einem Westernreitturnier und haben sich ein Reining angeschaut. Nun geraten Sie ins Schwanken, vergleichen Ihr nettes gemütliches Pony zu Hause mit den Cracks in der Arena. Irgendwie kommt bei Ihnen plötzlich der (Gott sei Dank meist vorübergehende) Wunsch auf, dazugehören zu wollen – oder das zumindest in Ansätzen auch zu können und nachzureiten. Mal sehen, was aus dem Pony herauszuholen ist. Nun müssen Sie klug entscheiden. Wollen Sie das wirklich? Passt das zu Ihnen und Ihrem Pferd? Ist das Turnier tatsächlich eine wegweisende Inspiration gewesen? Oder beschließen Sie: Nein, das sind wir nicht (Sie und Ihr Pferd). Ich brauche das nicht, ich brauche mir nichts zu beweisen.

Der offene, lernbeflissene Pferdemensch, der viel herumkommt und von Veranstaltung zu Seminar reist, wird sich wahrscheinlich immer wieder diesen Fragen stellen müssen. Die Pferdeszene ist bunt.

Als Nächstes gehen Sie vielleicht als Zuschauer zu dem Kurs eines berühmten Reitlehrers. Es war toll. Sie sind inspiriert. Vielleicht spüren Sie nun einen unbändigen Tatendrang auf dem Weg mit dem Auto nach Hause – oder Frust über das eigene Können – oder auch beides. Wie auch immer, in beiden Fällen könnte es passieren, dass Sie sich und Ihr Pferd am nächsten Tag unter dem Einfluss des Erlebten überfordern.

Das ist natürlich jetzt wirklich ein negatives Beispiel für ein tolles Seminar, das Sie erlebten, aber vielleicht kommt es Ihnen auch nicht gänzlich unbekannt vor?

Wir haben so unseren Alltag mit dem geliebten Pferdchen, unser stimmiges Miteinander, ein jeder ist zufrieden, Pferd wie Mensch. Wobei uns das Pferd glücklicherweise nichts nachträgt, auch wenn wir eine Reiteinheit mal wieder ziemlich vergeigen und alles andere als konzentriert und achtsam waren. Aber im Großen und Ganzen sind wir glücklich und kommen voran, oder bleiben auch mal stehen, gehen auch einmal etwas zurück, aber was bedeutet das schon, wenn wir uns und unsere Reiterei im Zusammenhang mit der Welt um uns herum betrachten – eine völlig nebensächliche Winzigkeit im Grunde und doch für uns von so großer Bedeutung. Und nun war da dieser

Kurs bei einem berühmten Trainer, diese geniale Messevorführung, der Turnierbesuch mit den hochrangigen Teilnehmern, die wir von der Tribüne aus intensiv beobachteten, oder all die tollen anderen Reiterinnen und Reiter auf ihren weit ausgebildeten Pferden, und das womöglich auch noch im selben Stall. Wir kriegen Stress. Wir wollen auch so toll sein mit unseren Pferden.

Sie schnappen sich den pferdigen Schatz, und los geht's. Jetzt wird reell gearbeitet, an der Muskulatur, an den Lektionen, an der Ausbildung. Ihr Pferdchen kennt das schon von Ihrem letzten Reitkursbesuch und lässt diese Phase von ein bis zwei Wochen geduldig über sich ergehen.

Die Energie des Reitkurseindrucks verpufft allmählich wieder bei Ihnen und Ihr Pferd hat alsbald seinen Menschen so, wie es ihn kennt, und alles verläuft wieder gemütlich in den ihnen beiden wohlvertrauten eigenen Bahnen.

Kennen Sie das zufällig auch? Ich will Sie absolut nicht davon abhalten, sich reiterlich weiterzubilden, auf gar keinen Fall. Schließlich können wir so unseren eigenen Weg finden und entwickeln. Aber spüren Sie genau hin, ob Sie etwas wirklich wollen oder nur denken, Sie müssten, weil alle anderen mit ihren Pferden das auch so toll können – und müssen.

Und hier ist er wieder, der Satz:
Bleiben Sie authentisch in dem, was Sie tun.
Ihr Pferd erkennt das ziemlich deutlich.

Authentizität im Umgang mit Pferden ist enorm wichtig. Im Grunde halten sie uns ständig dazu an. Es ist wirklich nicht leicht, den Überblick zu behalten, bei all den Einflüssen, die von außen auf uns und unser Pferd einwirken. Bleiben Sie besonnen und geduldig, ändern Sie nicht alle paar Monate die Reitweise, den Trainer, die Ausrüstung, Ihre Einstellung. Sie müssen niemandem etwas beweisen. Sie sind toll mit Ihrem Pferd, wenn Sie eine aufrichtige, vertrauensvolle und von Liebe geprägte Verbindung zu ihm haben.

Ganz bestimmt!

Angst

„Das Annehmen und das Meistern der Angst bedeutet
einen Entwicklungsschritt, lässt uns ein Stück reifen.
Das Ausweichen vor ihr und vor der Auseinandersetzung
mit ihr lässt uns dagegen stagnieren; es hemmt unsere
Weiterentwicklung und lässt uns dort kindlich bleiben, wo wir
die Angstschranke nicht überwinden."
(Fritz Riemann, *Grundformen der Angst*, München 1961, 2011)

Ein mir nahestehender Mensch behauptete einmal, dass jemand, der sich mit Pferden beschäftigt, irgendwann einmal auch mit seinem eigenen Angstthema in Berührung kommen wird und sich zwangsläufig damit auseinandersetzen muss – bewusst oder auch unbewusst.

Ich halte das für sehr, sehr wahrscheinlich.

Doch hat das nicht auch ein Gutes? Aus dem einleitenden Zitat, wissen wir ja: Wer sich mit seiner Angst beschäftigt, hat bereits den ersten Schritt gewagt, um aus dem vermeintlichen Feind einen

Freund zu machen. Die Angst, ein Freund?, werden jetzt die Leserinnen und Leser denken, die unter Angst leiden. Nein, das kann nicht sein.

Diese Sicht entspricht auch nicht unserem Gesellschaftsdenken. Wir wollen keine Angst haben. Wollen sie nicht spüren und versuchen lieber alles, um sie zu verdrängen. Doch Verdrängung ist so ziemlich die schlechteste Lösung, mit ihr verträglich und gut ausbalanciert zu leben.

Zurück zu der Sichtweise „Angst als Freund". Tatsächlich steckt in der Angst eine Kraft, eine Motivation, die, gut kanalisiert, unglaubliche Kräfte freisetzen kann. Sie lässt uns lernen. Aus der Hirnforschung weiß man, dass es im Laufe der Evolution die Angst war und dadurch ausgelöst ein gewisses Maß an Stress, wodurch das Gehirn sich entwickelte. Der Mensch war gezwungen, immer neue Wege und Lösungsstrategien zu finden, um sich flexibel den Veränderungsprozessen in der Welt anzupassen und somit nicht auszusterben. Das heißt, ohne Angst – Stillstand – keine Weiterentwicklung, und der Mensch wäre wohl ausgestorben.

Doch damit die Angst nicht lähmend wirkt, sondern uns lernen lässt, sollte sie sich stets im kontrollierbaren Bereich aufhalten, ohne uns erstarren oder kollabieren zu lassen.

Pferde als Fluchttiere leben ständig mit der Angst. Sie balancieren sozusagen täglich schon fast spielerisch auf dem schmalen Grat zwischen Angst, Neugierde, Panik und Mut.

Würden Sie ein Pferd fragen, ob es unter seiner Angst leidet oder ob es sie gerne „loswerden" würde, weil es sich davon im Alltag und im Leben eingeschränkt fühlt, was würde Ihnen das Pferd antworten?

„Oh ja, in meiner Pferdegesellschaft ist Angst sehr verpönt. Sie ist wie eine Krankheit. Wir nennen es Angststörung. Und für die muss man sich schämen, weil man dadurch nur noch halb zu gebrauchen ist. Also versuche ich ständig, sie loszuwerden. Doch je mehr ich das versuche, umso größer wächst sie sich aus und dominiert mich."

Das klingt für ein Pferd natürlich ziemlich absurd. Aber für uns nehmen wir seltsamerweise genau diese Aussagen als stimmig an.

Pferde würden uns verständnislos anschauen, wenn sie wüssten, wie problembehaftet wir Menschen mit Angst umgehen. Für ein Pferd ist Angst eine Selbstverständlichkeit, ohne die es gar nicht leben könnte und wollte. Sie ist ihm lebenserhaltend.

Keinem Pferd käme es je in den Sinn, seine Angst verdrängen zu wollen, so wie es der Mensch tut. Sonst wären diese wunderbaren Tiere wahrscheinlich längst ausgestorben.

Wir Menschen haben also große, fast schon krankhafte Probleme mit unserer Sicht auf die Angst als solche. Und Pferdemenschen haben zudem mitunter auch noch riesige Probleme mit der Angst ihres Pferdes und der Angst, die das Pferd in ihnen selbst zum Klingen bringt.

Doch wer sich durch die Beziehung zu seinem Pferd seinen Ängsten stellt, mal notgedrungen, mal freiwillig, mal bewusst, mal unbewusst, hat sich damit auch für die persönliche Entwicklung, für das Betreten neuer Wege entschieden. Das ist doch hervorragend. Vielleicht können Sie jetzt Ihre Angst aus einer neuen und liebevolleren Sicht heraus betrachten. Sie sind ein bewusster Mensch. Sie wollen sich weiterentwickeln.

Seit ich Reitunterricht gebe, begleitet mich das Angstthema. Ich habe viele Frauen mit Pferden kennengelernt, für die Angst eine ewig begleitende Energie ist. Und ich kenne viele, viele Kinder, denen es nicht anders ergeht, die ein liebes Pony am Seil führen, mit krampfhaftem Abstand und angsterstarrter Mimik. Sie fangen an zu weinen, wenn das Tier ruckartig den Kopf hebt, und haben zittrige Finger beim Aufhalftern. Und trotzdem! Frauen wie Kinder bleiben standhaft und stark, integrieren ihre Angst und geben nicht auf. Die Frauen behalten ihre Pferde und leben mit der Angst vor dem Reiten, vor dem Galopp, vor einer Angstreaktion des geliebten Pferdes. Und die Kinder bewegen sich in den nur zwei Stunden ihrer Ponyzeit zwischen Panik und Mut, Versagen und Stolz über das eigene Können, Weinen und Lachen – manchmal im Minutenwechsel. Es ist faszinierend und bewegend zugleich.

Ja, wahrscheinlich stimmt es: Wir Menschen wollen bewusst oder auch unbewusst unserer Angst begegnen, wollen die Grenzen unserer Angst ertasten, wollen sie integrieren und überwinden, wollen sie wahrnehmen und erleben, manche mehr und manche weniger. Und selbst Menschen, die von sich behaupten, völlig angstfrei zu sein, suchen nach ihren persönlichen Grenzen und wollen herausfinden, wo denn nun die eigene Angst beginnt. Nur dass sie stärkere Reize benötigen als andere. Sie aktivieren ihr Adrenalin in besonders herausfordernden Situationen mit dem Pferd, um sich zu spüren und zu erleben. Doch in ganz anderen Lebensbereichen kann es sein, dass diesen Menschen der Mut völlig versagt und dass sie sich als schwach und verletzlich erleben, wo jene, denen der Gedanke an einen Galopp Unbehagen bereitet, entspannt und selbstsicher reagieren.

Die Angst hat so viele Facetten und ist so individuell. Jeder hat unterschiedliche Angstgrenzen und Themen. Sie haben vielleicht Angst vor einem Ausritt und der andere, der darüber nur milde lächelt, hat Angst vor Nähe oder kritischen Gesprächen.

Das Gesicht der eigenen Angst zu erkennen ist wichtig. Vielleicht steht die Angst, die sich im Umgang mit dem Pferd massiv offenbart, für ein völlig anderes, tiefes Lebensthema.

Sie erscheint in ihrer Kraft unüberwindbar, unmöglich zu integrieren und mit ihr positiv zu arbeiten. Man glaubt, sie einfach nicht loslassen zu können, und manche wollen es auch gar nicht, denn was kommt dann, wenn die vertraute, schreckliche Angst nicht mehr da ist?

Ich denke, wer diese Art Angst kennt, ahnt, dass die Pferde einen Angstanteil spiegeln, der eigentlich seine Ursache in anderen, lebensbiografischen Zusammenhängen hat und von daher auch außerhalb des Pferdestalls bearbeitet werden sollte.

PANIK UND TRAUMA

Die Angst in Form von Panikattacken, vielleicht ausgelöst durch ein Trauma, ist in ihrer Macht so intensiv, dass sie uns nicht viel Positives erlernen lässt.

Angst, die sich zur Panik steigert und lähmt, die nichts mehr möglich macht, die man zu meiden versucht, weil das Spüren dieser Angst einem das Gefühl von Existenzauslöschung, von Sterben gibt. Diese panische Angst mündet zumeist in der sogenannten Erwartungsangst – in der Angst vor der Angst.

An dieser Angst ist gar nichts Spielerisches. Daran ist kein motivierendes Hin und Her mehr zwischen Angst und Mut und, dadurch bedingt, nichts an positivem Erlernen neuer Fähigkeiten, wie noch zuvor beschrieben. Da ist nur das überwältigende Gefühl einer Existenzbedrohung. Die vermeintliche Angstsituation erscheint unkontrollierbar und in unserem Gehirn lässt sich keine Lösung mehr fin-

den, um der „Gefahr" zu entkommen. Wir rasen geradewegs auf der neuronalen Angstautobahn in die Erstarrung oder Flucht.

Diese Angst könnten Sie schon mal auf einem durchgehenden Pferd gespürt haben, bei einem absoluten Kontrollverlust oder in Verbindung mit einem schweren Unfall. Vielleicht begegnet Ihnen diese Angst nun auch im Alltag, weil sie sich als ein Trauma festgesetzt hat.

Diese Angst wird Ihnen sagen, dass Sie so etwas nie wieder erleben möchten. Und dass Sie zukünftig alles tun sollten, um diese Lebensgefahr zu vermeiden. Eine logische Folgerung. Niemand zwingt Sie, wieder aufs Pferd zu steigen. Und Sie sollten genau abwägen, was Sie wollen, ohne sich dabei selbst unter Druck zu setzen oder gar von anderen unter Druck setzen zu lassen. Wenn Sie mit dem Pferd ein Trauma erlebt haben, sollten Sie sich viel Zeit lassen, dieses zu bearbeiten, und sich einen kompetenten Menschen zur Unterstützung dazuholen. Ob und in welcher Form Sie wieder auf das Pferd steigen, entscheiden nur Sie selbst!

Angst und Liebe

Ich habe all diese Formen der Angst gesehen und auch erlebt. Es ist mitunter schwer und eine harte, alles fordernde Arbeit, mit Angst in ein positives Gleichgewicht zu kommen. Doch eines steht glücklicherweise fest: Es gibt einen Anker, an dem wir uns alle ständig festhalten können:

Die Liebe ist stärker als die Angst:

* Die Liebe zu unserem Pferd, sodass wir bereit sind, unsere Schatten anzugehen und zu integrieren.
* Die Liebe zum Reiten, weil die Momente des Glücks denen der Angst lichtvoller und stärker entgegenstehen.
* Die Liebe zu einem Menschen, der uns Vertrauen und Zuversicht einflößt, sodass wir imstande sind, selbst dem Gefühl der lebensbedrohlichen Angst zu begegnen, die dadurch, dass wir ihr nicht allein gegenüberstehen, plötzlich nur noch zu einem sanften Ausatmen wird.

✳ Die allumfassende Liebe, die uns mit unserer Seele
verbindet, sobald wir unser Herz weit öffnen. Die uns
eins werden lässt mit allem, was ist. Die die Angst als
ein Aufmerken unseres Egos enttarnt, das in allem eine
Bedrohung seiner Existenz sieht.

Können Sie sich vorstellen, dass jene Menschen, die ihre Pferde ehrgeizig kaputt reiten, die für all die schändlichen Bilder sorgen, die
wir auf Abreiteplätzen und Turnieren zu sehen bekommen, die einen Reitstil unbefangen zur Schau stellen und propagieren, der von
Demütigung des Pferdes geprägt ist und missbräuchlich anmutet,
im Grunde ihres Herzens einen übergroßen Mangel an Liebe in sich
spüren, sodass sie ihre eigene Größe nur über das Ego fühlen können? Ein trauriger, anstrengender Zustand. Nicht Seele, nicht Herz
definieren das eigene Sein, sondern das Ego, das nur groß gehalten
werden kann, indem es ständig mit Erfolg gefüttert wird. Und Erfolg
ist schwer dauerhaft zu halten. Da werden dann alle noch so negativen Mittel eingesetzt, um nicht die Existenzbedrohung des Egos zu
empfinden, die bei Misserfolgen entstehen kann und sich ähnlich bedrohlich anfühlt wie eine Panikattacke. Ein hoher Druck: Man muss
toll sein, muss Herr der Lage zu sein, das Pferd muss einem zuarbeiten und sich dem eigenen Plan unterwerfen. Versagen oder ein
Ausbleiben von Erfolg schürt die Angst vor Ablehnung und vor dem
Noch-weniger-Geliebtwerden und kommt der Selbstauslöschung des
Egos und – durch die Identifikation damit – des eigenen Seins gleich.
Herabsetzung anderer – hier des Pferdes – ist die Folge.

Das Ego ist der ständige Gegenspieler unseres reinen Seins, unserer Seele, die im Herzen wohnt. Aus der Seelenenergie zu handeln
und zu agieren sieht anders aus.

Es ist traurig, wenn jemand mit dem Druck und der ständigen
Angst lebt, dem Ego nicht genug geben zu können. Sich dort herauszuarbeiten ist ein langer, harter Weg.

*Angst ist das Gegenteil von dem Gefühl der
Sicherheit und der Liebe.*

Mit diesem Wissen nähern wir uns langsam den möglichen Lösungsmodellen, um aus der Angst ein Gefühl zu machen, das uns herausfordert weiterzulernen. Wir werden neue Wege finden, um verhärtete Strukturen in uns aufzuweichen und statt der neuronalen Angstautobahn im Kopf, die uns immer unmittelbar ins unkontrollierbare Unglück führt, ein paar entspannte Nebenstraßen frei zu machen.

Die Angst und das Pferd

Sie haben also ein Pferd, das Sie sehr lieben, und Sie haben Angst. Ich mache Ihnen mal ein paar Vorschläge, um welche Ängste es sich vielleicht bei Ihnen handeln könnte:

* Angst vor dem Verlust der Gesundheit
* Angst vor dem Verlust der Kontrolle
* Angst, nicht geliebt zu werden (Getarnt als Angst vor dem Versagen, vor anderen gut auszusehen und sich nicht zu blamieren. Aber auch Angst, dass das eigene Pferd Sie nicht liebt. Dass es Ihnen nicht vertraut. Dass es Ihre Hilfen anscheinend ignoriert, um Sie zu „ärgern". Dass es sich mit der Aufmerksamkeit anderem zuwendet.)
* Angst vor den eigenen Gefühlen und Empfindungsreizen (Nähe, Hingabe, Lust, Freude, Adrenalin, Herzklopfen, Lebendigkeit und auch die Angst vor der Angst)

Ja, und selten kommt eine Angst allein. Doch das Erkennen der eigenen Ängste ist schon ein erster Schritt in eine gute Richtung. Wenn Sie zum Beispiel herausfinden, dass Sie Ihr Pferd in dem Moment, wo es Ihre Hilfen ignoriert, aus Angst strafen, weil Sie sich von Ihrem Pferd „abgelehnt und ungeliebt" fühlen, könnte dieses Wissen ein guter Anlass sein, diese Angst auch außerhalb des Pferdestalls zu betrachten.

Die Persönlichkeit Ihrer Angst

Lassen Sie uns genauer das Wesen Ihrer persönlichen Angst herausfinden. Sie haben also ein, sagen wir mal, besonderes Verhältnis zur Angst und Sie haben ein Pferd. Und vielleicht haben Sie dieses Pferd auch noch gar nicht so lange. Wenn wir uns jetzt wieder vergegenwärtigen, dass wir uns ein Pferd unter vielen anderen schönen Gesichtspunkten vielleicht auch deshalb aussuchten, um zu lernen und um uns mit unseren speziellen Angstthemen zu beschäftigen, wäre ein Blick auf folgende Fragen für Sie sehr interessant:

* Können Sie sich vorstellen, dass Sie durch das Pferd möglicherweise neue Schritte ins Leben, in eine andere, gute Richtung getan haben?
* In welcher Lebensphase haben Sie sich möglicherweise ein eigenes Pferd zugelegt oder begannen Pferde eine bedeutende Rolle in Ihrem Leben zu spielen?
* Welche Veränderungen zog das in Ihrem Leben nach sich, persönlich, beruflich, gesundheitlich, körperlich, sozial ...?
* Welche Ängste wurden Ihnen durch das Pferd bewusst und sichtbar, die Sie möglicherweise zuvor gut vor sich selbst und vor anderen verstecken konnten?
* Welche Ängste haben Sie bereits überwunden und hinter sich lassen können? Und wie? An welchen Punkten ist also bereits aus dem Feind Angst der eher beschützende Freund an Ihrer Seite geworden, der Sie sich entwickeln und lernen ließ?
* Haben Sie schon Bekanntschaft mit der Angst vor der Angst gemacht?
* Welche guten Gefühle begleiten die Angst bzw. wurden erst durch sie möglich? Zum Beispiel ein Wachwerden, Sichspüren, mehr Konzentration und Energie, die Freude „danach", wenn man sie mutig integriert hat.
* Ist Ihr Leben durch die Präsenz von Angst im Umgang mit Pferden aufregender, lebendiger und bewegter geworden oder eher lähmend?
* Was ist das Thema hinter Ihrer Angst? Ist zum Beispiel die Angst vor dem Galopp eine Form der Angst vor Selbsthingabe und Lust oder eher vor Kontrollverlust?
* Ist Ihre Angst ein Versteck für andere Gefühle, die Sie nicht zeigen wollen oder dürfen? Zum Beispiel alte Wut oder Trauer.

* Wenn wir Angst als einen Wegweiser betrachten, welche neuen Wege hat Ihnen die eigene Angst mit dem Pferd aufgezeigt? Und welche Grenzen? Beschützen oder beengen Sie diese?
* Ist es ratsam, die Angst woanders zu bearbeiten, als sie allein beim Pferd zu belassen?

Das waren jetzt sehr intensive Fragen. Lassen Sie sich Zeit, sie zu beantworten. Sicher wird das nicht mal eben so beim Lesen des Textes möglich sein. Nehmen Sie eventuell ein kleines Notizheft und beantworten Sie die Fragen in Ruhe. Schreiben Sie die Antworten und Gedanken dazu auf. Ein Prozess wird in Gang gesetzt, der Sie begleiten kann und nachwirkt. Vielleicht erkennen Sie auch sofort, was Ihre Themen sind, und bei welchen Sie sich Unterstützung holen müssen. Der Prozess wird sich stetig verändern, je mehr Sie damit arbeiten und sich weiterentwickeln. Nach einiger Zeit können Ihre Antworten dann ganz anders aussehen.

Vielleicht ist Ihre Beziehung zur Angst durch die Fragen auch schon weitaus freundlicher geworden und Sie können sie nun als etwas Wertvolles achten, als einen Teil von Ihnen, der Sie einerseits schützt und andererseits in Ihrer Entwicklung weiterbringt. Die Angst ist etwas, das Sie nicht mehr zu verdrängen brauchen und „weg haben" müssen, sondern etwas, das Sie achtsam wahrnehmen und sogar bei Entscheidungen zurate ziehen können.

Ich habe in meinem Leben Ängste erfahren, die tiefe Ursachen hatten und so gar nicht in die Beziehung und in den Umgang mit meinen Pferden gehörte. Diese Ängste ließen mich durchaus wachsen und mich entwickeln, obwohl sie auch so manches Mal eine existenziell bedrohliche Intensität erreichten. Es gibt viele Möglichkeiten, diesen Schatten in sich zu beleuchten. Es ist wie eine Wanderung zu sich selbst, der zum Leben gehört und einem viel Mut abverlangt. Ich kann Sie dahingehend nur ermutigen, es zu wagen. Aber ich habe auch Ängste erlebt, die ganz klar im Zusammenhang mit meinen Pferden standen. Angst um meine Gesundheit, wenn mein Pferd zum Beispiel im Gelände panisch reagierte. Oder Angst davor, dass sich mein geliebtes Pferd schwer verletzen könnte, durch aggressives Verhalten anderer Pferde oder durch sein eigenes kopfloses Pferdeverhalten und noch einige andere sorgenvolle Ängste mehr.

Vielleicht dachten Sie bisher, dass Sie ein besonders ängstlicher Mensch sind? Man könnte es auch so formulieren: Sie haben einfach ein höheres Bedürfnis nach Sicherheit und Kontrolle – und vielleicht auch nach Liebe.

SCHRITTE, DIE ANGST MIT DEM PFERD ZU MEISTERN

Machen Sie sich immer wieder gegenwärtig: Über allem steht die Achtsamkeit für Sie selbst.

Im Weiteren werden Ihnen diese drei Kernbereiche helfen, die Ängste, die in der Beziehung mit Ihrem Pferd auftauchen, zu überwinden und damit zu integrieren.

1. Positive neue Erfahrungen

Um der Angstschleife langsam entwachsen zu können, müssen Sie positive neue Erfahrungen in der Angst auslösenden Situation machen.

Der neuronalen Angstautobahn in Ihrem Kopf, die im Laufe der immer wiederkehrenden Angstsituationen entstanden ist und die

ausschließlich von Ihnen eingeschlagen wird, sobald Sie in eine unangenehme Situation geraten, müssen ein paar positive alternative Nebenwege entgegengesetzt werden. So kann die Angstautobahn langsam umgangen werden und die entspannten und als sicher empfundenen Nebenwege können sich etablieren. Ich kann Ihnen leider nicht sagen, wie viele positive Erfahrungen Sie brauchen werden, um Ihre persönlichen Angstsituationen irgendwann neutral und gelassen bewerten zu können. Das ist sehr individuell. Aber es funktioniert. Sie werden neue Handlungsmöglichkeiten entwickeln und dadurch erfahren, dass Sie in der Situation kompetent agieren können und die Kontrolle behalten. Also, versuchen Sie viele gute, auch kleinschrittige, positive Erfahrungen zu machen. Jede einzelne hilft Ihnen umzulernen. Wenn Sie zum Beispiel Angst haben auszureiten, gehen Sie jedes Mal nach dem Training ein paar Meter mit Ihrem Pferd raus – bis an die Hofgrenze, bis an die Weide, hundert Meter die Straße entlang, bis zum großen Baum an der Kuhweide und immer so weiter. Hauptsache, Sie kommen mit dem Gefühl einer guten Erfahrung wieder nach Hause. Und wenn es nach sieben gelungenen Spaziergängen oder Ausritten dann einmal vielleicht nicht so gut läuft, machen Sie es nicht zum Problem. Lassen Sie sich nicht entmutigen, sondern üben Sie einfach so weiter, ohne dem große Aufmerksamkeit zu schenken. Beim nächsten Mal wird es wieder besser sein und Ihr „Positive-Erfahrungen-Konto" wächst.

2. Ein wahrer Freund und Vertrauter

Sie brauchen einen Freund. Nichts kann so hilfreich sein, um seine Angstsituationen zu bearbeiten, wie ein Mensch an der Seite, dem Sie wirklich vertrauen. Es sollte jemand sein, der Ihnen kompetent begleitend zur Seite steht und zuversichtliche Ruhe ausstrahlt. Es ist wichtig, dass Sie diesem Menschen in einer Form so nahestehen, dass er Ihnen ein vertrauensvoller Begleiter ist, dem Sie sich mit Ihren Ängsten auch zumuten mögen. Sonst wird Ihnen dieser Mensch vermutlich nicht so sehr hilfreich sein. Ihr inneres Selbst weiß genau, bei wem es sich gut genug aufgehoben fühlt, um schwierige Situationen anzugehen und positiv zu meistern. Sie werden sich selbst in dieser Hinsicht nie etwas vormachen können. In der Angst kommen Sie so sehr zu Ihrem eigenen Kern, dass in Sekundenschnelle klar ist, welcher Mensch Ihnen eine stabile Hilfe ist. Vertrauen Sie da ganz auf Ihr Gefühl.

Dazu ein Beispiel aus der Forschung. Man setzte einen Affen in einen Käfig und ließ einen Hund auf ihn los. Der Affe reagierte panisch. Dann setzte man einen Affen dazu, der aus seinem unmittelbaren Kreis stammte, also einen Affenfreund. Der Hund wurde wieder losgelassen und es gab nicht die geringste Angst bei den beiden Affen.

Ein fremder Affe hingegen hatte gar keine beruhigende Wirkung auf den ersten Affen. Sie konnten sich gegenseitig keine Hilfe sein und gerieten beide vor dem Hund in Panik. Nun ja, ein aufschlussreiches Beispiel, denn so weit sind wir ja von den Affen nicht entfernt.

3. Sie brauchen Vertrauen

Entwickeln Sie Vertrauen in sich selbst, in Ihre Fähigkeiten und in das Gefühl, dass Sie es schaffen können. Je weniger Vertrauen Sie haben, umso wichtiger ist es Ihnen, die Kontrolle zu behalten.

Aber Vertrauen, ja, das sagt sich so leicht. Ich kenne leider nur wenige Menschen, die mit einem wirklich guten Urvertrauen gesegnet sind. Trotzdem können wir es langsam gewinnen und es uns in kleinen Schritten erarbeiten – durch viele positive Erfahrungen. Arbeiten Sie gut an Schritt 1, dann erarbeiten Sie sich automatisch auch ein Vertrauen zu sich selbst.

Lassen Sie Ihre Kompetenzen wachsen. Lernen Sie. Dann fühlen Sie sich gut ausgestattet, Meisterin oder Meister Ihrer selbst zu sein. Lassen Sie sich von nichts und niemandem „klein" machen oder reden. Das sind Sie nicht. Sie haben die Verantwortung für Ihr Leben, Ihre Gesundheit, Ihre Handlungen und auch für Ihr Pferd. Glauben Sie an sich selbst, dass Sie es schaffen können. Dann werden Sie es auch schaffen. Ich weiß, wie sehr gerade Frauen Angst vor ihrer eigenen „Größe", Kraft und Kompetenz haben können, weil sie es vielleicht eine lange Zeit in ihrem Leben so vermittelt bekamen. Glauben Sie mir, für diese Auffassung besteht überhaupt kein Grund. Ab heute nicht mehr!

Kompetenz und Größe bedeuten auch, klug zu entscheiden. Was für die jeweilige Situation heißen kann: heute nicht – heute nur bis hierher und nicht weiter!

Auch in Ihr Pferd benötigen Sie Vertrauen. Und da Pferde gute Lebenslehrer sind, wissen wir aus ihrem Verhalten, dass es lange dauert,

bis sie uns vertrauen. Es braucht viele gute, zusammen gemeisterte Situationen, bis sie sich bei uns sicher fühlen. Und genauso ergeht es uns Menschen bei ihnen auch.

Lassen Sie sich Zeit. Ich habe mit meinen Pferden so viele Momente erlebt, in denen ich ihre Angst und ihr spezifisches Verhalten kennengelernt habe, dass ich irgendwann meinte einschätzen zu können, was mich in etwa erwartet. Genau das brauchte ich. Das gab mir das nötige Zutrauen zu mir und meine Kompetenz, aufkommende Gefahr mit meinen Pferden gut meistern zu können. Ich wusste nach etlichen Ausritten mit meiner Stute, dass sie in Situationen, die ihr Angst machten, nicht steigen, sondern stattdessen einfrieren oder sich mit einer raschen Kehrtwendung in die andere Richtung verabschieden würde. Darauf konnte ich mich einstellen und gegebenenfalls kompetent reagieren.

Ein fremdes Pferd zu reiten, dessen Angstverhalten ich nicht kenne, sagt mir nicht besonders zu. Ich vertraue dem Pferd im wahrsten Sinne des Wortes nicht wirklich meine Gesundheit (mein Leben) an. Ich sehe darin, positiv formuliert, vielleicht eine Herausforderung oder mit anderen Worten: Ich habe ein bisschen Angst. Und mit zunehmendem Alter brauche ich die Herausforderung durch meine Angst nicht mehr so sehr. Mir ist die Sicherheit lieber geworden, die ich bei selbst ausgebildeten Pferden empfinde.

Überhaupt: Was für den einen Reiter auf dem Pferderücken ein Kick ist, kann für den anderen schon nahe an ein Trauma heranrücken.

Ich weiß nicht, wie es bei Ihnen ist, aber ich brauche keine Adrenalinschübe beim Reiten, um mich zu spüren. Für mich ist das stille, entspannte Reiten in tiefer Verbindung mit dem Pferd das reine Glücksgefühl.

HILFESTELLUNGEN FÜR KONKRETE ANGSTSITUATIONEN

Widmen wir uns nun den ganz konkreten Dingen, die uns im Zusammensein mit dem Pferd Angst bereiten können:

＊ Sie haben Angst, dass Ihr Pferd Sie beißen oder treten könnte.

* Sie haben Angst vor den Abwehrreaktionen Ihres Pferdes, wie Steigen, Buckeln oder Durchgehen.
* Sie haben Angst vor den Angstreaktionen Ihres Pferdes, bevorzugt im Gelände.
* Sie haben Angst zu galoppieren, weil Sie schon einmal schmerzhaft heruntergefallen sind oder weil Sie beim Galopp einen Kontrollverlust erlitten, da das Pferd mit Ihnen durchging.
* Sie haben Angst vor all dem in Kombination.

Angst vor den oben beschriebenen Dingen zu haben ist absolut berechtigt. Wir wären dumm, wenn wir die davon ausgehende Gefahr für uns einfach ignorieren würden. Angst ist ein Schutzmechanismus für unser Überleben, das wissen wir bereits. Reiten ist gefährlich und das impulsive Verhalten unserer Pferde mitunter auch.

Wenn Sie ein ängstlicher Mensch sind, stellt sich die wichtige Frage, welches Pferd zu Ihnen passt. Überfordern Sie sich nicht selbst mit einem Pferd, das zu heftigen Fluchtreaktionen neigt und ein genetisch schwaches Nervenkostüm hat. Ein ruhiges, gelassenes Pferd wird Ihnen sehr viel mehr Vertrauen geben und besser zu Ihnen passen. Genauso verantwortungsvoll sollte man einem unsicheren Pferd einen mutigen, erfahrenen Menschen zur Seite stellen.

Die Angst eines unerfahrenen, ängstlichen Pferdes, das schnell die Flucht antritt, kann sich sehr stark potenzieren, wenn es einen Menschen auf dem Rücken trägt, der energetisch noch zusätzlich die pure Angst ausstrahlt und sich in seiner Körperspannung wie ein Raubtier auf den Pferderücken klammert. Das wird ein langer, gefährlicher Weg für diese Pferd-Mensch-Kombination werden. Ein Weg, der Ihnen viel Arbeit abverlangt, bis Sie beide zueinander finden können.

Lassen Sie uns zunächst einen Blick auf die Möglichkeiten werfen, die Gefahr des Reitens zu minimieren:

1. Ein Pferdepartner, der zu Ihrem reiterlichen Können passt, der nervenstark, ausgeglichen, gut erzogen und sehr gut ausgebildet ist. Das heißt ein Pferd, das nicht nur Dressurlektionen beherrscht, sondern auch mit Angst einflößenden Gegenständen und Situationen vertraut gemacht und dadurch desensibilisiert wurde.

2. Eine artgerechte Haltungsform, die Ihrem Pferd sein ausgeglichenes Wesen erhält und ihm ausreichend Bewegung und Möglichkeiten zum Toben gibt. Dazu gehören auch das passende Futter und genügend Sinnesreize aus der Umgebung.

3. Eine schützende, geeignete Reitbekleidung für Sie und ein angenehmes, passendes Equipment fürs Pferd.

4. Eigenes reiterliches Können und Erfahrung erwerben.

5. Ein gesundes Maß an Selbstschutz und Eigenverantwortung.

6. Eine ruhige, pferdefreundliche Umgebung (und/oder entsprechendes Gelände) für Sie beide.

Das könnten gute Voraussetzungen sein für entspanntes, weitestgehend angstfreies Reiten.

Aber nun sind da immer noch Sie selbst mit Ihren eigenen Lebenserfahrungen und Themen, die Ihre individuelle Sicht und Umgangsweise mit dem Gefühl der Angst geprägt haben.

Und dem gegenüber genauso Ihr Pferd mit seinen Erfahrungen und Angstthemen, wie vielleicht Trecker, Kühe, Schafe, Geräusche, die überraschend von hinten kommen, und so weiter.

Sie haben Angst vor dem Galopp

Vielleicht sind Sie schon einmal schmerzhaft hinuntergefallen oder haben einen Kontrollverlust erlitten, weil das Pferd mit Ihnen durchging.

Wie können Sie nun positive neue Erfahrungen machen, um dieser Angst langsam wieder zu entwachsen?

Wichtig ist zunächst, dass Sie nicht wieder neue Kontrollverluste erleiden. Sie entscheiden bewusst die nächsten Schritte und wann Sie sich dafür bereit fühlen! Lassen Sie sich von niemandem, von keinem Reitlehrer oder sonst wem dazu drängen. Sie werden genau spüren, wann es soweit ist, wieder etwas zu wagen. Gerade im Reitsport, insbesondere im Reitunterricht, werden oft die eigenen Grenzen missachtet und schmerzhaft überschritten, bei Kindern wie bei Erwachsenen. Deswegen sieht man so häufig in den Reitstunden angsterstarrte Mienen. Obwohl diese Menschen doch eigentlich einem schönen Hobby, einer lang ersehnten Leidenschaft nachgehen wollen. Und dann so was ...

Das vermeintlich passende Pferd wird einem zugeteilt und der Reitlehrer oder die Reitlehrerin entscheidet, was zu tun ist. Es wird galoppiert, gesprungen oder der Trab ausgesessen, bis der Rücken von Mensch und Pferd aufbegehrt. Es ist erstaunlich, dass selbstbestimmte Menschen sich plötzlich wie unmündige behandeln lassen. Es ist, als würde man mit dem Vertrag für Reitstunden auch die Mitbestimmung für das eigene Empfinden und Wohlergehen abgeben. Selten werden die individuellen emotionalen Grenzen der Lernenden geachtet und wird Raum gegeben für selbstbestimmte Entscheidungen, wann jemand bereit ist, den nächsten Schritt (zum Beispiel Galopp) zu wagen. So führt eine Reitstunde unter Umständen dazu, dass man die eigene Kontrolle über die Gesundheit abgibt und sich stattdessen den Gepflogenheiten der Reitschule hingibt. Es wird schließlich deutlich vermittelt: Nur so wird Reiten nun mal gelernt!

Ja, und viele erlernen das Reiten tatsächlich auch so – irgendwie zumindest. Aber leider erlernen nicht wenige auch auf diese Weise Angst vor dem Reiten zu entwickeln und hören zumeist dann bald wieder auf. Behalten Sie die Kontrolle über sich, über Ihr Wohlergehen, über Ihre Grenzen und Bedürfnisse. Und auch über das, was Sie wagen wollen und wie Sie sich von anderen behandeln lassen möchten.

Wenn Sie reiten oder ausreiten möchten, sorgen Sie dafür, dass Ihr Pferd ruhig und ausgeglichen ist. Austoben muss es sich nicht gerade unter Ihnen. Gegebenenfalls longieren Sie es vorher ab oder lassen es frei laufen. Fangen Sie erst dann mit dem Reiten an, wenn die überschüssige Energie des Pferdes abgebaut ist.

Wenn Sie sich gut fühlen, entscheiden Sie, wann Sie galoppieren möchten. Nehmen Sie sich nur ein kleines Stück vor, zum Beispiel vom Mutpunkt bis zur nächsten Ecke oder einfach immer nur eine lange Seite entlang. Ihr Pferd wird das schnell merken und entspannt nach einer Ecke angaloppieren und vor der nächsten Ecke wieder traben. So bekommen Sie immer mehr Zutrauen zu sich und Ihrem Pferd. Im Gelände können Sie es genauso machen, nur ein paar Meter galoppieren, dann wieder Schritt.

Wenn Ihre Angst vor dem eigenen Pferd zu groß geworden ist, könnten Sie zunächst auf einem anderen, lieben Pferd versuchen, wieder Zutrauen zum Reiten zu gewinnen. Mit diesem Pferd könnten Sie später auch den Galopp üben. Ihr eigenes Pferd wiederum lassen Sie von jemand anderem reiten und auch galoppieren, bis Sie irgendwann wieder genug Vertrauen in sich und Ihr Pferd haben, um es erneut gemeinsam anzugehen.

Wenn Sie generell Angst haben, wieder auf Ihr Pferd zu steigen, da das Erlebte zu tiefgreifend war, gehen Sie zurück zu den Anfängen Ihres Reitens, wie ein Kind. Lassen Sie sich auf dem Pferd führen. Das ist ohnehin ab und an eine schöne Erfahrung, auch ohne dass man eine Angstsituation erfahren haben muss. Sich von jemand Vertrautem auf dem Pferd führen zu lassen und so zu lernen, sich in einer sicheren, geschützten Atmosphäre auf dem Rücken hinzugeben und das Reiten ohne Anstrengung zu genießen, ist eine sehr positive, schöne Erfahrung.

Der nächste Schritt könnte dann sein, dass Sie reiten, während jemand neben Ihnen hergeht und den Abstand irgendwann langsam, auf Ihre Entscheidung hin, immer mehr vergrößert. Genauso könnten Sie es mit dem Pferd im Gelände praktizieren. Lassen Sie sich führen und von jemandem am Boden begleiten. Etliche Male! So fassen Sie wieder Vertrauen in sich und Ihr Pferd. Sie allein entscheiden, wie schnell oder langsam das geht. Das ist wichtig. Nur Sie wissen, wann Sie bereit sind, die nächsten Schritte zu wagen.

Sie haben Angst vor den Angstreaktionen Ihres Pferdes im Gelände

Bleiben Sie flexibel und damit reaktionsbereit, sodass sich die Angst gar nicht erst in Ihrem Kopf und Körper zu sehr Weg bahnt. Seien Sie in der Lage, jederzeit schnell vom Pferd abzusteigen und danach auch wieder aufzusteigen. So wahren Sie die Kontrolle über Ihre Gesundheit und Existenz. Wenn es sein muss, steigen Sie bei einem Ausritt mehrmals vom Pferd ab, und zwar immer dann, wenn Sie denken, die Situation könnte für Sie so gefährlich werden, dass Sie diese vom Sattel aus nicht mehr meistern können. Warten Sie mit dem Absteigen nicht zu lange. Dort kommt ein Trecker oder da ist die gefürchtete Kuhweide – steigen Sie ab! Na und? Man muss nicht alle auftretenden Probleme vom Sattel aus lösen! Und ein Ausritt bedeutet nicht, dass man im Stall aufsteigt und zum Schluss auch erst dort wieder absteigt und dazwischen Blut und Wasser schwitzt. Man kann zu Anfang das Pferd führen, zwischendurch und sowieso immer dann, wenn Ihnen und Ihrer aufkommenden Angst danach ist. Ohnehin ist die eigene Bewegung die beste Art, Stress und Adrenalin abzubauen.

Beispiel:
Mir kommt im Gelände im rasanten Tempo ein Sulky mit Traber entgegen, der kaum seine Geschwindigkeit reduziert. Der Weg ist sehr schmal, ich ahne und befürchte was kommt. Mein Pferd erstarrt, reckt den Hals in die Höhe. Mein Herz beginnt schlagartig sehr schnell zu klopfen. Ruck, zuck, ich steige ab. Mein Pferd hampelt ängstlich neben mir herum, doch ich bin sicher und beruhige mich nun schon etwas. Der Sulky verringert das Tempo und klappert laut an uns vorbei, während mein Pferd vor Angst fast in den Graben ausweicht. Ich beruhige es sanft, bin böse auf den Sulkyfahrer und genau wie mein Pferd vollgepumpt mit Adrenalin. Nun laufe ich erst mal ein Stück mit meinem Pferd, bis es uns beiden wieder gut geht, wir uns beruhigt haben und ich entspannt aufsteigen und weiterreiten kann. Natürlich nicht, ohne darauf zu achten, bloß nicht noch einmal diesem Sulky zu begegnen.

Eine fast alltägliche Situation mit Pferd im Gelände, oder? Der Sulky könnte auch ein Güllewagen sein oder ein Mähdrescher oder ein Heißluftballon.

Es gibt auch sogenannte Fallkurse, in denen trainiert wird, vom Pferd zu fallen. Es ist sicher eine gute Idee, zu spüren und zu lernen, wie man „richtig" fällt. Das nimmt einen großen Teil der Angst vor einem Sturz. Aber ehrlich gesagt, ich falle nicht so gern vom Pferd. Das ist mir eine zu passive Lösungsstrategie und hat mit Kontrolle über mich und das Pferd auch nicht mehr so viel zu tun. Ich möchte es lieber gar nicht erst so weit kommen lassen, dass mein Pferd derart reagiert, dass ich hinunterfallen könnte oder, noch viel schlimmer, mit dem Pferd zusammenstürze, umfalle oder im Graben lande. Also trainiere ich lieber Maßnahmen, die dem entgegenwirken können, zum Beispiel das schnelle, elegante Absteigen oder notfalls auch

Das Pferd hat gelernt, auf ein minimales Annehmen des Zügels den Kopf entspannt zur Seite zu geben. Dafür wird es gestreichelt. Es lernt: Dies ist eine Wohlfühlposition!

Abspringen. So bin zumindest ich erst mal sicher, und das wiederum nimmt mir einen großen Teil der Angst, sodass ich vom Boden aus meinem Pferd auch wieder mehr Sicherheit geben kann. Seien Sie bitte keine Heldin/kein Held im Sattel, wenn das möglicherweise auf Kosten Ihrer Gesundheit geht. Das erwartet niemand von Ihnen!

Seien Sie achtsam mit sich und Ihrer Gesundheit und Unversehrtheit. Davon haben die Menschen, die Sie lieben, viel mehr.

Übung: Innenstellung als Hilfe

In der Angst werden wir unflexibel und verkrampft. Auch unsere Pferde erstarren, spannen die Muskulatur an, heben den Hals, drücken den Rücken weg – alles ist auf Flucht eingestellt. Auf einem geraden, brettharten Pferd zu sitzen, das lossprintet, ist äußerst unangenehm. Und das Pferd ist in solch einem Moment ziemlich unempfänglich für Hilfen. Bevor also genau das passiert, lassen wir unser Pferd wieder flexibel werden und bringen uns bei ihm mit unseren Hilfen in Erinnerung. Ein wahrer Rettungsanker ist es, dem Pferd von Anfang an beizubringen, zunächst entspannt auf Zügelhilfe hin seinen Kopf bis fast zu Ihrem Bein nachzugeben. Das ist Basisarbeit, die einem aber in Stresssituationen sehr hilft und auf die man jederzeit, egal wo und wann, zurückgreifen kann.

Wenn ich ein Pferd einreite, bringe ich ihm bei, den Kopf auf leichten Zügeldruck hin zu beiden Seiten nachzugeben.

Das macht das Pferd nicht nur flexibel im Hals, sondern auch im Kopf. Doch der eigentliche Vorteil ist, Sie haben das Pferd unter Kontrolle – beim Aufsteigen, beim Reiten, beim Absteigen. Es kann in dieser Halsposition nicht flüchten, steigen oder buckeln und es hat Sie auf seinem Rücken stets im Blick. Es vergisst in seiner Angst nicht, dass da noch jemand anwesend ist, nämlich Sie oben auf seinem Rücken.

Ich bringe jedem Pferd zunächst etliche Male auf dem Reitplatz bei, sich in dieser Kopfposition wohl und entspannt zu fühlen.

Das Pferd erinnert sich später auch in Stresssituationen daran, dass es sich in dieser Haltung stets wohl und entspannt gefühlt hat, dass ihm die Stirn gekrault wurde und es bekam manchmal auch ein Leckerchen. Von der nackten Angst gepackt, wird das Pferd dann natürlich nicht sofort auf völlige Entspannung umschalten, es wird auf diese ihm vertraute Hilfe reagieren und entsprechend den Kopf und Hals zur Seite nachgeben.

Wenn ich zum allerersten Mal auf den Rücken eines Pferdes steige oder ein Pferd habe, das gerne beim Aufsitzen losläuft, nehme ich seinen Kopf bis zu mir nach innen, streichle es und sitze währenddessen auf.

Dasselbe wird auch von oben vermittelt.

*Ich habe den Kopf und damit auch das Pferd unter Kontrolle und könnte
schnell abspringen, wenn eine Situation mich verunsichert.*

So weiß ich, dass mich das Pferd beim Aufsteigen beobachten kann,
was vor allem für junge Pferde sehr wichtig ist. Es wird nicht über-
rascht, dass da plötzlich jemand auf seinem Rücken sitzt, während
es selbstvergessen etwas in der Ferne beobachtet hat oder anderwei-
tig abwesend war. Alles geht sehr ruhig, entspannt und konzentriert
ab. Und wie gesagt, ich habe das Pferd durch die Halsposition unter
Kontrolle, sodass es keine Eskapaden machen kann. Es kann allen-
falls im allerkleinsten Kreise um die Hinterhand herumlaufen.

Auch wenn ein Pferd Angst hat und weglaufen will, können Sie es so
noch in einem kleinen Kreis halten und haben Zeit, mehr oder weniger
elegant abzuspringen und dabei Ihr Pferd am Zügel festzuhalten.

Meistens beruhigt sich das Pferd schon in dieser Kopfstellung oder
es kreiselt ein bisschen herum. Durch die kontrollierte Bewegung
kann es zusätzlich Stress abbauen, aber nicht wirklich weglaufen.
Man kommt dem Pferd und sich selbst damit sehr entgegen und es
lohnt sich wirklich, dieses zu üben.

Ich hatte eine Situation mit einem sehr großen Warmblüter, der
plötzlich anfing zu steigen, weil die anderen Pferde im Stall auf die
Weide gelassen wurden. Das behagte mir gar nicht. Als seine Füße
wieder auf dem Boden waren, nahm ich seinen Kopf am inneren Zügel bis zu mir herum. So konnte er nur noch ein klein wenig hüpfen

und im engen Kreis wenden, während ich mich entschied, schnell abzusteigen. Der Warmblüter beruhigte sich sofort, als ich mit einem Mal neben ihm stand, und fühlte sich dadurch auch nicht mehr allein in der Reithalle.

Allerdings sollten Sie das unter keinen Umständen machen, während das Pferd steigt, denn dann bringen Sie es eventuell zu Fall. Es sollte seine Beine am Boden haben.

Ein anderes Beispiel, wie mich die Innenstellung „rettete", war bei einem Gangpferd, das, wie mir sein Besitzer sagte, toll zu reiten, aber leicht irre im Kopf sei. Ich war noch recht jung und dementsprechend leichtsinnig und ritt das Pferd (würde ich heute mit über vierzig nicht mehr machen), das auch wirklich sehr nett war. Bis plötzlich etwas in seinem Kopf umschlug und es wie irre anfing herumzuspringen und schließlich aus der Bahn rennen wollte. Meinem Selbsterhaltungstrieb folgend, erinnerte ich mich an das, was ich gelernt hatte, lenkte es auf eine immer kleinere Volte und nahm seinen Kopf schließlich bis zu mir herum. Dann sprang ich ab. Sofort war das Pferd ruhig und sah mich verdutzt an. Diese Übung kann für die Gesundheitserhaltung recht hilfreich sein. Ich hatte hinterher nur eine kleine Verspannung im Rücken.

Ein weiteres Beispiel von den Angstreaktionen eines Pferdes im Gelände und wie man diese meistern könnte:

Nehmen wir an, Ihr Pferd hat Angst vor Kühen, und jede Kuhweide wird für Sie zu einer Angsttortur, bis Sie sich gar nicht mehr hinaustrauen.

Helfen könnte es, dass Sie zunächst nur mit Ihrem Pferd ins Gelände gehen, wenn es entspannt und nicht gerade übermütig ist. Das könnte zum Beispiel nach einer Reiteinheit sein. Oder, wenn Sie eine Stute haben, schauen Sie, dass diese gerade eine entspannte Zyklusphase hat. Es gibt Tage, da brauchen ängstliche Menschen mit ihren Stuten gar nicht erst ins Gelände zu gehen! Klingt vielleicht seltsam, aber es kann mit Stuten manchmal wirklich heftig zugehen. Sie regen sich plötzlich über Dinge auf, die ihnen sonst überhaupt nichts ausmachen, aufgrund hormoneller Veränderungen, besonders im Frühjahr.

Machen Sie Ihr Pferd zu Hause im heimischen Stall mit den Dingen vertraut, vor denen es Angst hat. Seien Sie kreativ dabei. Meine Stute

hatte panische Angst vor Schafen, bis ich schließlich auch panische Angst vor diesen netten Tierchen hatte. Das konnte so nicht weitergehen. Also habe ich einige Male beim Füttern stinkende Schafwolle in meinen Händen gehalten, und meine arme Stute musste den Geruch, den sie mit den beängstigenden Tieren verband, mit der positiven Erfahrung ihres leckeren Futters verknüpfen. Es half ein bisschen.

Ich bin mit ihr zu Schafweiden geritten, abgestiegen und habe sie daran vorbeigeführt. Das war zwar auch nicht immer sehr entspannend, aber zumindest wusste ich, dass mir nichts passiert. Hinter der Weide bin ich dann wieder aufgestiegen. Auch das half.

Als Nächstes habe ich sie zu Schafweiden geritten und dort grasen lassen. Auch so konnte sie das Beängstigende mit etwas für sie existenziell Schönem verbinden. Ich habe ihr dabei erzählt, wie lieb diese Tiere sind und dass Schafe im Grunde Angst vor ihr, meiner Stute, hätten, um mein eigenes Gefühl und mein Bild im Kopf als total harmlos und entspannt auf mein Pferd wirken zu lassen. Auch das hat geholfen.

Schließlich habe ich meiner Stute (und mir damit auch) einen sicheren Freund im Gelände zur Seite gestellt. So sind wir dann zigmal an Schafen vorbeigeritten. Und irgendwann hatten wir beide keine Angst mehr vor Schafen. Heute kann ich darüber nur noch schmunzeln.

Vor Kühen hatte mein Pferd übrigens auch Angst. Also bin ich zu Kuhweiden geritten, und wenn die Kühe keck aufgereiht und neugierig am Zaun standen, habe ich meiner Stute demonstriert, dass ich die Schwarzbunten nur mit ein wenig Klopfen auf meinen Oberschenkel vom Zaun vertreiben konnte. Das hat meiner Stute gut gefallen. Sie fühlte sich stark und hatte das Gefühl, die Kontrolle über ihr Leben zu behalten. Kühe interessierten sie recht schnell nicht mehr.

Geben Sie Ihrem Pferd Mut, indem es lernt, dass Bedrohliches vor ihm ausweicht. Lassen Sie es Klappersäcke verfolgen oder andere Schreckgegenstände auf dem Reitplatz. Machen Sie es mit allerhand flatternden Gegenständen vertraut.

Bodenarbeit

Legen Sie viel Wert auf eine gute Bodenarbeit, wobei Ihr Pferd lernt, Sie als sichere, beschützende Führungskraft wahrzunehmen. Ihr Pferd sollte lernen, Ihren Individualradius zu achten. Teilen Sie das Ihrem Pferd mit, indem Sie ihm sagen: „Achte auf mich!" Doch noch viel mehr sollten Sie Ihrem Pferd beibringen, schräg hinter Ihnen zu gehen und Sie nicht zu überlaufen, das heißt, an Ihrer Schulter vorbeizudrängen. Sein Kopf sollte nicht über Ihren Arm hinausragen, wenn Sie Ihr Pferd anhalten. Bringen Sie ihm an einem langen Führseil und Knotenhalfter bei, den Abstand zu Ihnen zu halten, der Ihrem persönlichen Sicherheitsgefühl entspricht und den es auch in „aufregenden" Situationen einhält. Dabei sollten Sie klar und konsequent handeln. Fragen Sie Ihre Führungsrolle täglich ab, egal, ob Sie Ihr Pferd von der Weide holen oder in die Reitbahn führen. Das gibt ihnen beiden Sicherheit. Wiederholt begegnen mir Reitschülerinnen mit gebrochenen Zehen, die sich kaum noch trauen, ihr Pferd zu führen. Kaufen Sie sich, wenn nötig, Schuhe mit Stahlkappen und weiter geht's. Eine gute und klare Bodenarbeit, die ihrem Pferd zeigt, wo sein Platz ist und wo Ihr Raum anfängt, wird Ihnen helfen, mutig und selbstsicherer zu agieren, sodass sich Angst verflüchtigen kann.

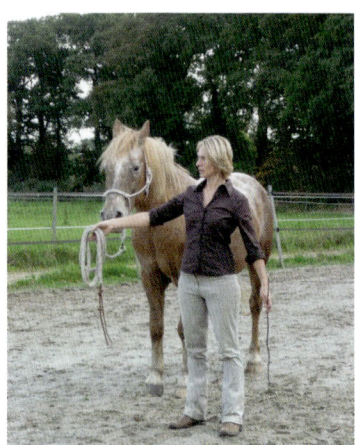

Bringen Sie Ihrem Pferd zu Hause bei, in jeder Situation den Kopf zu senken, wenn Sie Ihre Hand auf seinen Nacken legen.

Tiefe Kopfhaltung lässt das Pferd entspannen. Eine sehr hoch aufgerichtete Hals-/Kopfposition hingegen lässt Adrenalin in seinen Körper schießen und alles in ihm stellt sich auf Flucht ein. Üben Sie das zu Hause ausführlich. Legen Sie mit etwas sachtem Druck Ihre Finger in

seinen Nacken, sagen Sie „Down" oder etwas Ähnliches und veranlassen Sie es mit leichtem Zupfen am Seil, seinen Kopf zu senken.

Keinen Dauerdruck ausüben. Immer nur Signale geben und das leichteste Reagieren nach unten mit Druckwegnehmen belohnen. So lernt das Pferd schnell, auf Ihren Impuls hin den Kopf entspannt mehr und mehr nach unten fallen zu lassen.

Sie sollten jederzeit den Kopf und Hals Ihres Pferdes aktiv senken können.

Auch vom Sattel aus sollten Sie in der Lage sein, kurzfristig den Kopf und Hals Ihres Pferdes tief einzustellen und so an einem „gefährlichen" Objekt vorbeizureiten. Diese Zügelführung gibt Ihrem Pferd Sicherheit und die Erinnerung, dass Sie noch „da" sind, dass Sie oben auf seinem Rücken sitzen und aufpassen und sich voll in Ihrer Führungsenergie beweisen.

Es gibt kein Schema, das Sie bei jedem Pferd, in jeder Situation und an jedem Tag anlegen können, damit es prima klappt, mit der Gefahrensituation umzugehen. Sie müssen flexibel und schnell entscheiden und ein gewisses Repertoire zur Verfügung haben.

Mal müssen Sie Ihr Pferd schauen und vielleicht auch schnuppern lassen, damit es das Furchteinflößende für sich selbst bearbeiten und als harmlos einsortieren kann. Mal dürfen Sie es lieber nicht allzu lange schauen lassen, weil das Pferd dann unter Umständen durch das Hinstarren immer mehr vermutet, dass da etwas Schreckliches sein könnte, das sein Leben bedroht.

Mal könnte ein Weg sein, das Pferd seitlich von der Gefahr abzustellen und daran vorbeizureiten, sozusagen im Konterschulterherein; mal wiederum in einer etwas tieferen Kopfposition, die Ihre Führung deutlich werden lässt.

Wenn Ihr Pferd die unangenehme Neigung hat, in Angstsituationen zu erstarren, steigt sein Adrenalinspiegel mehr und mehr an. Es ist sinnvoll, wenn Sie versuchen, Ihrem Pferd beizubringen, bei Angst rechtzeitig wieder in die kontrollierte Bewegung zu kommen, sozusagen sein Heil im (leichten!) Vorwärts zu finden. Das kann angenehmer sein und man entgeht der Gefahr des Steigens oder anderem unkontrollierbaren Verhalten. Überzeugen Sie Ihr Pferd, sobald es ins Stocken gerät, sehr sanft, aber mit guter Führung davon, dass es ruhig weitergehen soll. Damit lernt es, dass es einen „beweglichen" Weg aus

der Situation gibt, und steigert sich nicht so sehr in die Angst hinein. Und das ist deutlich besser als ein mitunter minutenlanges eingefrorenes Starren, bis das Pferd laut prustet und schnaubt und nicht mehr weiß, wohin mit sich und seiner aufgestauten Energie.

Auch das Verbindungsritual kann helfen, das Pferd zu beruhigen. Lassen Sie Energie in sein Stirnchakra fließen. Natürlich nur, sofern Sie selbst noch in der Lage sind, ruhige, liebevolle Energie fließen zu lassen.

Für Sie selbst kann bei Angst, egal wo und wovor, die „Kleine Achtsamkeitsübung" ein Rettungsanker sein, um wieder in eine ruhige, klare, liebevolle Energie zu kommen und die Gedankenschleife eines Horrorszenarios zu durchbrechen.

Damit helfen Sie sich und Ihrem Pferd, das Geschehnis wieder in eine positive Richtung zu lenken, in der Angst ihre Macht verliert.

Wir wissen ja: Liebe ist stärker als Angst.

* Herz öffnen
* Liebe einatmen
* Ruhe empfinden
* Ausatmen – lächeln

So können Sie auch wieder von der Angst zu einer Reitkunst des Herzens kommen.

Sie haben Angst vor den Abwehrreaktionen Ihres Pferdes, wie Steigen, Buckeln oder Durchgehen

Das sind in der Tat gefährliche Reaktionen des Pferdes.

Schließen Sie aus:

* dass das Pferd sich vor einer unpassenden Ausrüstung wehrt,
* dass das Pferd sich vor einem zu druckvollen Reitstil/einer zu druckvollen Zügelführung wehrt,
* dass es Schmerzen hat oder Unwohlsein,
* dass es mental oder körperlich überfordert ist.

Achten Sie auch darauf, dass das Pferd nicht überfüttert ist und dass die Haltungsform sein ausgeglichenes Verhalten fördert.

Achten Sie auf eine grundsolide Ausbildung Ihres Pferdes.

All diese aufgeführten Punkte sind generell wichtig und nicht nur zur Bewältigung von Abwehrreaktionen, die uns gefährlich werden könnten.

Neigt Ihr Pferd jedoch zu einer dieser Reaktionen, ist die Frage, ob Sie sich dieser grundsätzlich gewachsen fühlen und auch fühlen wollen. Auf jeden Fall sollten Sie sich Hilfe holen, um diese Probleme mit einem guten Trainer oder einer Trainerin anzugehen. Ein möglicherweise traumatisiertes Pferd, das sich nur durch Steigen, Buckeln oder Durchgehen zu helfen weiß, allein heilen zu wollen, kann ein nicht ungefährliches Unterfangen sein.

Genau dasselbe gilt, wenn Sie eine berechtigte Angst davor haben, dass Ihr Pferd Sie beißen oder treten könnte, weil es das vielleicht in seiner Vergangenheit schon öfter mal tat. Hier ist eine klare Erziehungsarbeit vom Boden aus wichtig, bei der das Pferd lernt, den Menschen zu respektieren und zu achten. Sie sind die unangefochtene Führungskraft in Ihrem kleinen Team. Das Pferd sollte es wissen und sich voll darauf verlassen können, denn das schafft Vertrauen.

Wenn Ihr Pferd lernen soll, sich Menschen gegenüber nicht respektlos zu verhalten, empfehle ich Ihnen ebenfalls, sich eine kompetente Unterstützung zu holen. Doch schließen Sie zunächst auch alle anderen Gründe für dieses Verhalten Ihres Pferdes aus, wie zum Beispiel Krankheit und Stress im Stall. Möglicherweise musste Ihr Pferd dieses Verhalten auch „erlernen", um sich Menschen, die es in der Vergangenheit nicht gut behandelten, vom Leibe zu halten. Hier ist der schmale Grat zwischen viel Liebe, Vertrauen und Respekt zu gehen.

Das Pferd und seine Angst

Pferde sind Fluchttiere, das wissen wir. Und da wir gerne auf dem Rücken dieser wunderbaren Tiere sitzen, flüchten wir hier und da ungewollt mit. Doch man kann dem Pferd durchaus beibringen, nicht vor allem Möglichen davonzulaufen.

Finden Sie heraus, wie Ihr Pferd im Angstfall reagiert. Das ist sehr wichtig. Wenn man ein neues Pferd reitet oder ein noch junges, gerade erst eingerittenes Tier langsam kennenlernt, schafft es Vertrauen, wenn man weiß, wie sich das jeweilige Pferd in einer Stresssituation verhält.

Manche Pferde bleiben, wie erwähnt, erstarrt stehen und rühren sich nicht mehr. Manche rennen schnell an dem vermeintlichen Schreckgespenst vorbei, wieder andere bleiben abrupt stehen oder vollziehen blitzschnell eine 180-Grad-Wendung in die entgegengesetzte Richtung, manche steigen oder gehen durch.

Mir war immer sehr wohl, wenn ich baldigst herausfand, was mich erwartete. So konnte ich versuchen, die Situation kompetent anzugehen.

Haben Sie Verständnis für die Angst Ihres Pferdes und strafen Sie es nicht dafür. Damit zerstören Sie Vertrauen. Sie wandeln auf einem schmalen Grat, wenn Sie Ihr Pferd zwar einerseits mit klarer Führung an etwas Angst einflößendem vorbeireiten wollen, aber andererseits dabei zu viel Druck ausüben. Dadurch bekommt es noch zusätzlich Angst vor Ihnen und Sie potenzieren die vermeintliche Gefahr für Ihr Pferd.

Eine blaue Jacke am Zaun ist vielleicht für Ihr Pferd zunächst erschreckend, doch wird es diese schnell als harmlos einstufen. Wenn Sie Ihr Pferd jedoch für das Scheuen vor der Jacke abstrafen, weil Sie sich vielleicht durch seine Reaktion selbst erschreckt haben und Angst bekamen, die nun in Wut umschlägt, machen Sie die Situation für Ihr Pferd erst richtig gefährlich. Denn nun fürchtet es einerseits die Jacke und verknüpft diese noch zusätzlich mit dem Schmerz oder dem massiven Druck, den Sie ihm an dieser Stelle zugefügt haben. Nun haben Sie erst richtig viel zu tun, wieder eine entspannte, vertrauensvolle Atmosphäre herzustellen.

Bleiben Sie lieber klar, liebevoll, möglichst ruhig und ohne Bilder eines dramatischen Szenarios im Kopf.

*Loben Sie Ihr Pferd ausgiebig für jede mutige Reaktion,
für jedes noch so kleine Entspannungszeichen.*

Versuchen Sie, darüber zu lächeln, wenn sich Ihr Pferd mal erschrickt. Lächeln bringt Sie in eine gute Energie, aus der heraus Sie nie falsch auf Ihrem Pferd handeln können.

Versuchen Sie, selbst achtsam und gegenwärtig zu bleiben. Lassen Sie Ihr Pferd nichts in Ihrem Kopf und Körper lesen, das seine Angst bestätigt. Sehr schwer, ich weiß.

Sie können Ihr Pferd zu Hause auf dem Reitplatz mit allerlei vermeintlich „Gefährlichem" vertraut machen. Doch bedenken Sie immer, dass für ein Pferd der Trecker zu Hause vielleicht irgendwann nicht mehr bedrohlich ist, aber im Gelände wiederum schon. Ein Pferd kann nicht assimilieren. Es ist ihm leider nicht gegeben, die Gedankengänge zu vollziehen, dass eine blaue Tüte, mit der zu Hause geübt wurde und die recht bald als langweilig eingestuft wird, auch an anderer Stelle außerhalb des eigenen Reitplatzes harmlos ist. Dort kann dieselbe Tüte zunächst wieder für große Aufregung sorgen. Doch wenn das Pferd zig Tüten an den unterschiedlichsten Stellen vertrauensvoll kennengelernt hat, werden ihm diese irgend-

wann keinen Kummer mehr bereiten und man kann sich im Training dem nächsten Schreckgespenst widmen.

Pferde reagieren auch sehr sensibel auf Veränderungen in ihrer vertrauten Umgebung. Ein Baumstamm, eine Mülltonne, ein Fahrrad auf dem wohlbekannten Ausreitweg im Gelände wird sofort registriert, beäugt und notfalls wird die Flucht in Erwägung gezogen. Eine Jacke auf dem Reitplatzzaun wird „gefährlich", weil sie gestern noch nicht da war. Die gelben Säcke (zu Hause geübt) werden bei Müllabfuhr plötzlich im Gelände erschreckend. Also üben, immer wieder und an verschiedenen Orten, dann wird das Pferd einigermaßen mutig.

Zeigen Sie Ihrem Pferd außerdem die Dinge immer von beiden Seiten. Das Schreckgespenst, das nur mit dem rechten Auge erkundet wurde, macht mit dem linken Auge gesehen plötzlich wieder wahnsinnig Angst. Und man selbst ist verwundert, weil man doch gerade mehrmals erfolgreich auf der rechten Hand daran vorbeigeritten ist. Und nun erwartet einen auf der linken Hand wieder das gleiche Theater ...

Unsere Pferde können leider etwas, das sie mit dem einen Auge sehen, nicht mit beiden Hirnhälften verknüpfen. Sie müssen den Gegenstand immer mit beiden Augen begutachten und verarbeiten. Ansonsten ist ihnen das Gesehene auf dem anderen Auge in Verbindung mit der jeweiligen Hirnhälfte noch immer unbekannt und sie erschrecken sich weiterhin davor.

Ohnehin nimmt Ihr Pferd weitaus mehr wahr als Sie. Und es nimmt anders wahr und bewertet anders. Versuchen Sie nicht, Ihre Maßstäbe und Ihre Sinnesfähigkeiten auf das Pferd zu übertragen. Sie werden nie ganz verstehen, warum Ihr Pferd vor einem ihm entgegenkommenden kleinen Pony plötzlich Angst hat, aber die herumtollenden Hunde ignoriert. Warum eine Blume oder ein Busch am Wegesrand zu einem ängstlichen Seitwärtssprung verleitet, der Güllewagen aber an ihm vorbeidonnern darf – und das vielleicht nur heute, morgen aber schon nicht mehr. Dann ist unter Umständen alles längst wieder ganz anders.

Pferde haben Angst. Und wenn wir Mut und Präsenz ausstrahlen, liebevolle Führungskräfte sind und auch mal die nötige Überzeugungskraft besitzen, wird das Pferd uns vertrauen.

Doch auch wir haben Ängste. Und unsere Aufgabe ist es, kompetente Wege im Umgang mit unserer Angst zu finden. Sind wir das nicht uns und unseren Pferden schuldig? Wir verlangen unserem Fluchttier Pferd viel ab, damit es entgegen seiner Natur immer angstfreier wird. Pferde sollen sich verladen und transportieren lassen, durch enge Gassen gehen, Turnierhallen, Messen und Umzüge aushalten, auf allerlei Fürchterliches cool reagieren und endlos mehr. Und wir? Na ja, wir trauen uns nicht so sehr heran an die eigene Angst? Das ist nicht fair.

Und noch ein Wort zum Schluss:
Es gibt Tage, an denen kann Ihr Pferd so „aufgeladen" sein durch das Wetter, durch Hormone oder irgendwelche Vorkommnisse im Stall und in der Herde, dass Sie nicht sonderlich positiv auf Ihr Pferd und seine Angst einwirken können. Ein Scheitern und Stress im Umgang miteinander ist vorprogrammiert. An einem solchen Tag begraben Sie Ihre Pläne lieber. Sie müssen sich und Ihrem Pferd nichts beweisen. Verschieben Sie den Ausritt, die Reiteinheit oder was auch immer Sie vorhatten einfach auf später oder auf den nächsten Tag.

Ihr Pferd wird sich höchstwahrscheinlich nicht auf Sie einlassen können. Es ist klug, wenn Sie weise und achtsam entscheiden und frei von jeglichem Ehrgeiz das Pferd einfach an diesem Tag Pferd sein lassen.

KLEINE HILFEN IN ANGSTSITUATIONEN

* Bleiben Sie achtsam und gegenwärtig. Das ist ein generell bewusstes, verantwortliches Umgehen mit sich – nicht nur in der Angst. In der Achtsamkeit wurzelt auch die Liebe. Und in der Gegenwärtigkeit sind Sie sich Ihres wahren Selbst bewusst und können sich besser von den Angstgedanken distanzieren.

* Öffnen Sie Ihr Herzchakra. Das ist eine wahre Notfallübung. In der Angst legen Sie Ihre Hand auf die Mitte Ihrer Brust und werden sich Ihres Herzzentrums bewusst. Öffnen Sie dieses ganz bewusst und weit. Sofort werden Sie mit Ihrer Seele in Kontakt kommen, die im Gegensatz zum Ego keine Existenzbedrohung kennt.

* Stoppen Sie das Angst machende Gedankenkarussell. Sagen S
streng und entschieden Stopp zu sich und steigen Sie aus dem
Denken aus. Die Angst entwickelt sich meistens zuerst im Kop
bevor überhaupt eine reale Gefahr droht.
Setzen Sie Ihrer Angst eine Grenze, wie einem Kind, das droh
sich hysterisch in etwas hineinzusteigern.

* Bei Angstattacken beginnt man unter Umständen recht rasch zu
hyperventilieren, was von den Körperempfindungen her die Angst
noch verstärken kann. Angst und Atmung sind miteinander verknüpft. Man könnte sagen: Wenn Sie Ihre Atmung beherrschen,
dann beherrschen Sie auch die Angst. Es gibt sehr viele gute
Atemtechniken. Am wirkungsvollsten ist meiner Meinung nach
die Bauchatmung. Wenn Sie spüren, dass Ihre Atmung flach und
schnell wird, gehen Sie bewusst zur Bauchatmung über. Atmen
Sie langsam und tief bis unten in Ihren Bauch, sodass er sich
nach außen wölbt. Zählen Sie „eins, zwei", und atmen Sie aus,
„eins, zwei", und atmen Sie ein. Und immer so weiter, bis sich die
Atmung so weit normalisiert hat, dass Sie nicht mehr darauf zu
achten brauchen.

* Hüllen Sie sich und Ihr Pferd gedanklich in eine goldene Kugel.
Das ist ein wirksamer spiritueller Schutz. Ich habe schon häufig
erlebt, wie gut diese Übung helfen kann, ob allein oder mit dem
Pferd. Sie bringt sofort ein Gefühl von Schutz und Entspannung.
Pferde lassen dann regelrecht ihre Anspannung los.

„Mutig ist nicht, wer keine Angst kennt.
Mutig ist, wer den Willen hat, seine Angst aus den verschütteten,
nicht beachteten Tiefen ans Licht zu holen und liebevoll zu
betrachten."

Nehmen Sie Ihre Angst liebevoll an die Hand.
Viel Mut!

Freies Reiten

Wie wahre Kommunikation über Körper und Energie auf dem Pferderücken sein kann, das erlebt man, wenn man diesen subtilen Impulsen Raum gibt und sich und sein Pferd im wahrsten Sinne des Wortes frei macht.

Wenn man nicht nur Konventionen, Traditionen und vorherrschende Aussagen, wie etwas zu gehen hat, ablegt, sondern auch das Equipment.

„Hilfsmittel", die einem genommen werden, in diesem Fall Sattel, Trense, Sporen, machen den Weg frei für andere Formen der Kommunikation, für die allerfeinsten Signale, die Sie Ihrem Pferd senden: Körperspannungen und Entspannungen, Gefühle, Intentionen, die Kraft des Fokus.

Es sind unglaubliche Momente des Glücks möglich, wenn Sie spüren, dass Sie beide, Pferd und Mensch, zu einer geistigen und körperlichen Einheit werden.

Sie haben auf dem Rücken Ihres Pferdes als einziges Kommunikationsmittel nur sich selbst – Ihren Körper, Ihren Geist –, Ihre Emotionen und vielleicht noch ein Seil um den Hals des Pferdes und ein Zeigestöckchen in der Hand.

Ich will Sie an dieser Stelle nicht zu Waghalsigkeiten überreden – auf keinen Fall oder vielleicht doch ein bisschen. Natürlich. Sie geben die Kontrolle ab und riskieren ein Hinunterfallen. Doch auf der anderen Seite erleben Sie das, wonach so viele Menschen mit Pferden streben: eine tiefe Verbindung.

Ich höre Menschen oft den Wunsch äußern, dass ihr Pferd ihnen vollständig vertrauen möge. Doch im Grunde ist es so, dass wir Menschen nicht selten einen Mangel an Vertrauen in unsere Pferde haben. Das Wort „Vertrauen" ist ein schnell und manchmal auch unbedacht verwendeter Begriff im Umgang mit dem Pferd, nicht selten auch mit einer etwas verklärten Färbung: Das Pferd soll uns vertrauen. Das wird leicht dahergesagt. Doch genauso sehr müssen wir lernen, unserem Pferd zu vertrauen. Wir gehen mit dem Pferd ins Gelände, mit Herzklopfen und Schweißperlen auf der Stirn, und beten, das Pferd möge uns vertrauen – was dann meistens nicht gut gelingt.

Was genau bedeutet Vertrauen? Wer glaubt, die Kontrolle zu haben, braucht nicht zu vertrauen. Und Mut oder Angstfreiheit hat auch nichts mit Vertrauen zu tun. Nein. Vertrauen bedeutet, sich in einer (Lebens-)Situation nicht sicher zu fühlen oder gar verletzbar zu sein und sich trotzdem hinzugeben. So ergeht es Ihrem Pferd jedes Mal, wenn es sich entscheidet, Ihnen sein Leben anzuvertrauen. Und in diesem Fall – beim Freien Reiten – entscheiden Sie sich, ob Sie Ihrem Pferd an diesem Tag vertrauen wollen.

Wenn Sie sich für eine Freie Reitkunst interessieren, müssen Sie sich und Ihr Pferd dafür vorbereiten.

Sie brauchen eine sichere, geschlossene Reitbahn, eine ruhige Umgebung und ein Pferd, das von seinem Charakter und seiner Nervenstärke her geeignet ist und durch Impulsreiterei schon dahingehend vorbereitet und ausgebildet wurde.

Das Westernreiten, das als Signalreiterei bezeichnet wird, ist zum Beispiel eine solche vorbereitende Reitweise, die den Schritt, das Equipment irgendwann wegzulassen, sehr klein macht. Die traditionelle englische Reitweise ist eher weiter (bis sehr weit) davon entfernt. Ihr Pferd sollte mit Sattel und Trense dahingehend geschult sein, dass es sehr fein auf Impulse von Gewicht, Schenkel und der Berührung des äußeren Zügels am Hals reagiert. Es sei denn, Sie haben Ihr

Pferd ohne Sattel und Trense ausgebildet und wollen sich in diesem Kapitel eventuell nur noch ein paar Anregungen holen.

Das Pferd sollte lernen, Ihrem Blick beim Reiten durch Bewegungsreaktion zu folgen (Fokus).

Bringen Sie Ihrem Pferd bei, nur auf Stimm- und Gewichtshilfe hin, ohne Zügeldruck, zu halten und darauf aufbauend als Nächstes rückwärtszugehen.

Schulen Sie Ihr Pferd dahingehend, dass es dem Impuls des äußeren Schenkels in die entgegengesetzte Richtung ausweicht. Ich treibe mit dem linken Bein in Gurtlage, das Pferd weicht demnach rechts aus. Ich treibe mit dem rechten Bein in Gurtlage, das Pferd weicht nach links aus. Das ist die sogenannte Vorhandkontrolle. Das Pferd bewegt sich immer in die Richtung, wohin ich seine Vorhand und Schulter bringe.

Ich sitze ein (atme aus, mache mich schwer) und gebe die Stimmhilfe „Back", beide Beine treiben in der Gurtlage, das Pferd geht rückwärts.

Werden die Schenkel etwas hinter der Gurtlage eingesetzt, bekomme ich eine Seitwärtsbewegung des Pferdes oder ich lenke es so auf einen Zirkel oder eine Volte. Das Ganze kombiniere ich mit meiner Blickrichtung (Fokus), meiner Gewichtshilfe durch Drehung der Schulter in die Richtung, in die ich möchte, und meiner Intention, die ich dem Pferd sende.

Die Schenkelhilfe deutlicher hinter der Gurtlage eingesetzt, bewegt die Hinterhand und lässt sie wahlweise (einseitiger Einsatz) nach links oder rechts ausweichen. Beide Beine angelegt, bedeutet Vorwärtsbewegung.

Die Hilfengebung muss stets simpel und klar fürs Pferd zu deuten sein. Sie darf niemals widersprüchliche Signale senden. Im Gegensatz dazu ist das Am-Zügel-Gegenhalten und hinten Treiben, wie man es so oft in der traditionellen Reiterei sieht, sehr verwirrend und unklar für das Pferd und erzeugt sofort mentale und körperliche Spannungen.

Wenn Sie es dem Pferd einfach und aus seiner Sicht verständlich machen, erhalten Sie leichtes Reiten mit zunehmend mehr Feinheit, bis hin zu Unsichtbarkeit der Hilfengebung, und zusätzlich bekommen Sie einen motivierten, mitdenkenden Kooperationspartner Pferd.

Es ist wichtig, dem Pferd die Chance zu geben, auf so wenig wie möglich reagieren zu dürfen, und nur wenn es notwendig wird, die Hilfengebung zu erhöhen.

Im Überblick:

Zügelhilfe:

Ein Anlegen des äußeren Zügels lässt das Pferd ausweichen. Der innere Zügel öffnet und ist richtungsweisend. Irgendwann ist dieser gänzlich überflüssig. Der äußere Zügel wird später durch ein Anlegen eines Seils (Halsring) und minimales Antippen mit einem Zeigestöckchen oder des leicht treibenden Schenkels ersetzt.

Der innere Zügel wird überflüssig gemacht. Interessant ist, dass das Pferd durch den richtungsweisend öffnenden inneren Zügel irgendwann sogar der in die Bewegungsrichtung zeigenden Hand folgt. Das lernen selbst junge Pferde recht schnell.

Gewichtshilfe:

Die Gewichtshilfe, der Impuls aus Ihrer Mittelpositur, ist enorm wichtig. Es ist tatsächlich, salopp gesagt, so, dass man das Pferd fast ausschließlich mit dem Po in Kombination mit den Beinen reitet.

Drehen Sie die Schulter und damit auch das Rückgrat und Becken in die Richtung, in die Sie reiten oder wenden möchten. Immer als Impuls und nie krampfhaft, denn sonst wird das Pferd die Gewichtshilfe ignorieren, selbst verkrampfen und in die entgegengesetzte Richtung ausweichen.

Also: Schulterdrehung – dadurch folgt der ganze Körper korrekt – das äußere Bein legt sich automatisch kurz hinter der Gurtlage an – Ihr Fokus und Ihre Intention steuern in die gewünschte Richtung mit Blick und innerem Bild – und das Pferd folgt. Das ist alles. Falls nicht, kurz entspannen und noch mal neu die Hilfe anwenden und dabei, falls notwendig, eventuell die Schenkelhilfe leicht verstärken. Das Ausatmen und Beckenabkippen lassen das Pferd langsamer werden oder anhalten. Einatmen (Energie) und Körperaufrichten lassen das Pferd antreten.

Schenkelhilfe:

Richtungsweisend, vorwärtstreibend oder in die Seitwärtsbewegung. Bei der Schenkelhilfe ist die Intensität wichtig. Geben Sie Ihrem Pferd

die Chance, auf die Berührung Ihres Hosenbeines hin zu reagieren. Wenn es diese nicht als Hilfe wahrnimmt, verstärken Sie sie bis hin zum kurzen Klopfen.

Angenommen, Sie reiten ohne alles im Galopp einen Zirkel. Das Pferd folgt brav Ihrer Intention und auch Ihren Körperimpulsen. Alles ist zauberhaft, doch nun, beim nächsten Zirkel, meint das Pferd überraschend auf der offenen Zirkelseite eigenständig die andere Richtung einschlagen zu wollen. Da würde ich kurz, knapp und schnell (Timing) einen stärkeren Impuls mit der Schenkelhilfe anwenden, damit das Pferd wieder auf meinen Kurs zurückkommt – und ich oben bleibe. Danach sofort wieder entspannen und dankbar sein.

Stimmhilfen:

Diese sind überaus wichtig in der Freien Reitkunst. Sie haben ja bei dieser Form des Reitens nicht mehr allzu viele Hilfsmöglichkeiten da oben, auf dem Rücken des Pferdes. Also nutzen Sie auf jeden Fall Stimmhilfen. Lassen Sie Ihr Pferd die Worte zu den Lektionen und Aufgaben erlernen. Pferde reagieren unglaublich intensiv auf Stimmhilfen. Deshalb ist es einfach nur traurig, dass es Reitweisen gibt, in denen man mit dem Pferd nicht sprechen darf. Eine Stimmhilfe lobend, beruhigend oder aufmunternd einzusetzen, ist das eine, doch ich sende mit meinem gesprochenen Wort dem Pferd auch ein konkretes Bild aus meinem Kopf, eine Intention. Das wurde ja bereits in einem der vorangegangenen Kapitel beschrieben. Meine Pferde kennen die Worte zu allen Lektionen und beginnen diese sofort entspannt auszuführen, wenn ich sie ausspreche, denke oder sende – es sei denn, sie wollen nicht zuhören ...

Stöckchenhilfe:

Ich benutze zum Reiten immer einen Zweig aus unserem Garten anstatt einer Fiberglasgerte aus dem Handel. Zweige sind freundlicher und lassen sich besser zum feinen Antippen des Pferdes verwenden. Fiberglasgerten haben schnell eine zu starke Wirkung auf das Pferd, sie klopfen zu sehr und liegen schwer in der Hand. Probieren Sie den Unterschied mal aus. Dann werden Sie vielleicht spüren, was ich meine.

Ich benutze den Zweig beim Freien Reiten, um das Pferd seitlich optisch zu begrenzen, wenn es zum Beispiel in die nicht gewünschte

Richtung ausweichen will oder auch, wenn all meine anderen Hilfen nicht ausreichen, zum Beispiel:

* ein Antippen der Pferdeschulter zum Wenden,
* ein Antippen der Hinterhand zum Ausweichen oder zum Versammeln, um diese fleißiger werden zu lassen,
* ein Antippen zum Verlangsamen und zum Halten, wenn ich den Zweig nach vorn vor die Brust des Pferdes richte. Das Pferd hat zuvor in der Bodenarbeit gelernt, dem Zweig vor der Brust ins Rückwärts auszuweichen.

Ich habe den Zweig in der Hand, benutze ihn aber nur, wenn Intention, Blick, Gewicht und Schenkel nicht ausreichen. Und auch dann nur als optische Begrenzung oder zum leichten Antippen.

Das sind soweit die „irdischen" Hilfen. Doch das Schöne bei dieser Form des Reitens ist, dass sich alles zwischen Mensch und Pferd auf eine andere Stufe der Kommunikation hebt.

Pferde sind so unglaublich empfänglich für das Reduzierte; wir leider nicht so sehr. Wir geben ungern unsere Kontrolle auf. Doch wir können ein Stück weit lernen, unserem Pferd mehr und mehr zu vertrauen, ohne gänzlich leichtsinnig zu werden. Selbstverständlich ist das Freie Reiten mit einem gewissen Risiko verbunden. Wir machen dem Schicksal sozusagen ein Angebot.

Jeder muss für sich selbst entscheiden, ob er manchmal dieses Risiko eingehen möchte, um mit dem Pferd eine Verbindung zu erleben, die ein sagenhaftes Gefühl von Glück und Freiheit hervorruft. In der Freien Reitkunst geht es noch einmal viel stärker um Bewusstheit, Achtsamkeit, Gegenwärtigkeit und Liebe.

Das Pferd „liest" Sie, Ihren Herzenswillen! Es spürt Ihre Energieausstrahlung, da es sich selbst frei und unabgelenkt von jeglichem Equipment ganz auf Sie und Ihre Signale konzentrieren kann. Es empfindet Sie und Ihren Körper auf seinem Rücken als etwas Dazugehöriges, mit dem es eins werden möchte.

Falls Sie nun Ihr Pferd in der Freien Reitkunst zusätzlich schulen möchten, lassen Sie als Erstes den Sattel weg und benutzen Sie eine gebisslose Zäumung. So können Sie all die von mir erklärten Schritte üben, haben aber immer noch eine Zäumung, auf die

Sie schnell zurückgreifen können, bevor Sie irgendwann auch diese weglassen.

Wenn es Ihnen ohne Sattel zu riskant erscheint auf dem Pferderücken, ist ein Reitpad eine tolle Möglichkeit. Es lässt viel Freiheit zu und bietet dennoch Halt auf dem Pferderücken.

Achten Sie auf viel Ruhe in der Umgebung. Spüren Sie nach, ob wirklich der richtige Tag für Freies Reiten ist. Ihr Pferd und Sie selbst sollten ein gutes Miteinander empfinden, frei sein von Unruhe, Nervosität, Übermut oder Spannungen.

Nutzen Sie beim Freien Reiten auch die von mir genannten Energiepunkte. Sie werden Sie in die erforderliche Konzentration und Schwingung bringen.

Noch eines: Man muss während dieser Art des Reitens die Idee von Dressur und gymnastisch muskulärer Formgebung außer Acht lassen. Darum geht es in dieser Reitzeit ganz einfach nicht.

Die Freie Reitkunst bedeutet auch nicht, dass man die schwierigsten Lektionen plötzlich ohne Sattel und Trense bewältigen muss oder dem Pferd optisch eine Form anlegt, wie es zu gehen und auszusehen hat.

All das ist in der Zeit des Reitens nicht wichtig. Es ist toll, wenn Menschen ihr Pferd ohne Trense und Sattel piaffieren, aber das ist nicht das Ziel. Das setzt Sie nur unter Druck und verhindert das Eigentliche daran, was Sie erleben können.

Natürlich wird ein ohnehin weit ausgebildetes Pferd, das zusätzlich noch in der Freien Reitweise geschult ist, anspruchsvolle Lektionen auch ohne Sattel und Trense ausführen können in seiner ihm eigenen natürlichen Form.

Doch vor allem geht es bei dieser Reitweise darum, dass Sie es genießen, mit dem Pferd durch die Bahn spazieren zu reiten: Richtungswechsel, Tempowechsel, anhalten, stehen, dabei gemeinsam atmen, im Leichten verschmelzen, ohne Anforderungen. Einfach nur Freude an der gemeinsamen Bewegung empfinden.

Auf einem meiner Seminare war mal eine junge Frau, die ihr Pflegepony mitbrachte – ein Schulpferd. Das Stütchen war zart, und in seinen Augen erkannte man den abwesenden Blick eines Pferdes, das es gewohnt war, zu dienen und „geritten" zu werden. Die junge Frau war sehr traurig und wollte, dass die kleine Stute mit ihr zusammen wenigstens eine gute Zeit hatte. Ich sah das genauso, und alles in mir widerstrebte, das Pferd durch einen Reit- und Bodenarbeitskurs zu schicken, um es quasi noch dienlicher für seine harte Arbeit zu machen. Es war ohnehin ein sehr gehorsames Pferd, das nicht aufbegehrte. Ich überlegte nicht lang und schlug der jungen Frau vor, alles Gewohnte wegzulassen. Sie war nicht begeistert, aber einverstanden. Sie ritt die Stute vor unserer aller Augen ohne Sattel und nur mit Knotenhalfter in allen Gangarten quer über den Platz von Energiepunkt zu Energiepunkt.

Zunächst war die junge Frau noch unsicher. Ihr Reitsitz verriet die Schule von Kraftreiten und die stete Kontrolle über die tiefe Kopfhaltung des Pferdes. Doch schon nach einigen Minuten während des Unterrichts ließ sie sich mehr und mehr los und das Stütchen blühte auf und schenkte ihr alles: Vertrauen, Mitarbeit, Hingabe und auch Freude. Die beiden wollten gar nicht wieder aufhören, sich so miteinander zu bewegen. Und wir, die Teilnehmerinnen und ich, standen wortlos daneben und waren tief berührt.

Ich sagte hinterher zu ihr, dass es das sei, was sie der Stute und sich selbst in der gemeinsamen Zeit geben könne. Doch die junge Frau war zerrissen. Sie glaubte zu wissen, dass sie sich so in ihrer Reitschule nicht sehen lassen könnte und dass diese Art des Reitens wohl nicht akzeptiert werden würde. Sie hatte Angst vor Repressalien, wahrscheinlich sogar davor, dass man ihr das Pferd wegnehmen könnte. Ja, das lässt einen wortlos werden.

Gerade in der Pferdewelt herrschen so starke tradierte Dogmen – nie möchte ich aufhören, andere zu ihrem Weg zu ermutigen.

Reiten Sie Ihr Pferd so frei, wie Sie ihm und sich das zutrauen, und Sie werden Ihre Beziehung zueinander um ein Wesentliches vertiefen. Sich frei reiten zu lassen, ist ein Geschenk Ihres Pferdes an Sie.

Noch ein Satz zum Schluss: Bedenken Sie, es gibt Tage bei Ihnen und Ihrem Pferd, an denen Sie unter keinen Umständen das Freie Reiten praktizieren sollten!

Reise in den Pferdekörper

Haben Sie Lust auf eine kleine Reise? In den Körper Ihres Pferdes? Ich habe Ihnen am Anfang des Buches versprochen, dass Sie mit Ihrem Pferd in Zukunft möglicherweise bewusster und achtsamer umgehen werden. Und wer könnte Ihnen Ihre Art, mit dem Pferd zu kommunizieren und es zu reiten, besser spiegeln als Ihr eigenes Pferd?

Also werden wir mal zu unserem
Pferd und begegnen uns selbst!

Mit all den Menschen, mit denen ich diese Reise bisher gemacht habe, durfte ich mich hinterher über sehr interessante Erkenntnisse austauschen. Auch für mich selbst war das damals, als ich die Reise machte, eine kleine Offenbarung, die ich mir immer mal wieder vergegenwärtige. Ich habe diese Art der Reise vor ungefähr zehn Jahren von einer chilenischen Schamanin vermittelt bekommen und danach abgewandelt.

Sie haben mich ja nun leider nicht als Ihre Reiseleitung zu Hause, von daher ist es vielleicht sinnvoll, wenn Sie sich von jemand Vertrautem leiten lassen.

Gut – sind Sie bereit, sich selbst zu begegnen und durch die Augen Ihres Pferdes zu sehen?

Setzen Sie sich gemütlich und entspannt an einen ruhigen geschützten Ort, wo Sie ungestört in sich versinken können. Sie dürfen natürlich auch liegen, sofern Sie sich sicher sind, dass Sie nicht einschlafen.

Atmen Sie dreimal tief ein und aus. Stellen Sie sich vor, dass Sie von einer goldenen Kugel umhüllt sind, die Sie während Ihrer Reise schützt.

Wenn Sie ganz und gar entspannt sind, sinken Sie langsam tiefer. Sie sinken in die Erde hinein, die sich für Sie weit öffnet. Sie können auch an der tiefen Wurzel eines alten Baumes hinabsteigen.

Sie kommen tief unten in einer steinigen Höhle an. Sie wandern an den großen Steinen vorbei, zu einem unterirdischen Wasserlauf.

Sie steigen in den Fluss hinein, genießen sein reinigendes Wasser. Sie lassen alle Sorgen, alles, was Sie gerne loslassen möchten, von diesem Wasser fortfließen.

Nun lassen Sie sich selbst von diesem Wasserstrom treiben und mitnehmen, bis Sie nach einer Weile an ein Ufer kommen. Es ist eine große, weitläufige Wiese – eine Pferdeweide. Sie steigen aus dem Fluss und gehen auf diese Weide.

Dort steht entfernt ein Pferd. Sie gehen hin. Es ist Ihr Pferd.

Es schaut Sie an. Sie stehen sich gegenüber.

Sie sehen tief in die Augen Ihres Pferdes. Sie sehen den Fellwirbel auf seiner Stirn – sein drittes Auge.

Sie lassen sich von seinem dritten Auge einatmen. Sie werden geradezu hineingesogen.

Nun ist Ihr Energiekörper in dem Ihres Pferdes.

Sie füllen Ihr Pferd ganz aus.

Sie können sich mit seinem Körper bewegen.

Wie fühlt es sich an, auf vier Beinen zu stehen, auf Hufen, einen langen Rücken zu haben, einen Schweif und eine Nase, die alle Gerüche tief in sich einsaugt?

Laufen Sie ein bisschen herum, lauschen Sie, machen Sie Ihre eigenen Erfahrungen in diesem Pferdekörper.

Vielleicht nehmen Sie irgendwo Schmerzen oder Probleme wahr?

Nach einer Weile sehen Sie etwas entfernt einen Menschen auf sich zukommen.

Es ist Ihr Mensch. Es sind Sie selbst. Er kommt auf Sie zu, genauso, wie er es immer tut, in seiner ihm eigenen Art, sich zu bewegen. Sie sehen sich selbst mit den Augen und der Wahrnehmung Ihres Pferdes auf sich zukommen.

Sie sehen das Gangbild, die typische Körpersprache Ihres Menschen, seine Energieausstrahlung.

Freuen Sie sich? Oder möchten Sie weggehen? Mögen Sie es, wie Ihr Mensch sich Ihnen nähert? Wie schätzen Sie ihn als Pferd ein?

Welche Stellen, körperlich oder energetisch, fallen Ihnen bei Ihrem Menschen auf?

Was gefällt Ihnen? Und was schreckt Sie vielleicht ab? Nun begrüßt Sie Ihr Mensch, genau wie immer. Wie gefällt Ihnen das? Hätten Sie es gerne anders? Was soll der Mensch anders machen?

Genießen Sie die Begrüßung, die Nähe zu Ihrem Menschen? Wo soll er Sie anfassen und streicheln? Signalisieren Sie es ihm.

Was möchten Sie jetzt gerne mit Ihrem Menschen tun?

Gehen Sie beide ein Stück zusammen.

Mögen Sie sich Ihrem Menschen vertrauensvoll anschließen? Fühlen Sie sich bei ihm sicher und gut geschützt?

Sie gehen zusammen zu einem niedrigen Felsen.

Ihr Mensch macht deutlich, dass er auf Ihren Rücken steigen möchte.

Sie lassen ihn aufsteigen. Sie sind nach wie vor völlig frei, ohne Halfter, Trense oder Sattel. Sie schreiten über die weite Wiese.

Wie fühlt sich Ihr Mensch auf Ihrem Rücken an? Sind Sie beide eins? Oder bringt Ihr Mensch Sie aus der Balance und fühlt sich eher wie ein störender Fremdkörper an?

Mögen Sie Ihren Menschen auf Ihrem Rücken tragen?

Wie zeigt Ihr Mensch Ihnen, wohin er möchte? Welche Energie aus seinem Körper hat den größten Einfluss auf Sie? Wo steckt sein Wille? Welche seiner „Hilfen" sind Ihnen die liebsten, auf die Sie sofort reagieren?

Spüren Sie die Liebe Ihres Menschen für Sie? Wie wirkt seine Energieausstrahlung insgesamt auf Sie?

Welches Bedürfnis haben Sie nun?

Möchten Sie mit ihm galoppieren und alle möglichen übermütigen Bewegungen ausführen, die Ihnen beiden Spaß machen?

Oder haben Sie das Bedürfnis, ihn nur ganz behutsam zu tragen?

Machen Sie nun noch eine Weile
lang Ihre eigenen Erfahrungen.

Jetzt kommen wir langsam zum Ende der Reise. Sie halten an, Ihr Mensch steigt ab. Er verabschiedet sich ausgiebig von Ihnen, dann geht er davon.

Nun ist es auch für Sie Zeit, sich aus dem Körper Ihres Pferdes zu lösen und diesen wieder allein Ihrem Pferd zu überlassen. Ihr Pferd atmet Sie durch sein drittes Auge aus, so lange, bis Sie vollständig

als Spiegel des Herzens

mit all Ihrer Energie wieder außerhalb seines Körpers sind und vor ihm stehen.

Bedanken Sie sich bei Ihrem Pferd, dass es Ihnen erlaubte, diese außergewöhnliche Erfahrung in seinem Körper zu machen.

Nun gehen Sie zurück zu dem Fluss. Steigen Sie ins Wasser und lassen Sie sich wieder zu der steinigen Höhle zurücktreiben.

Von dort aus gehen Sie an den großen Steinen vorbei, wieder hoch durch die Erdschichten, die sich für Sie öffnen, bis nach oben, bis zurück in Ihren Körper.

Lassen Sie sich mit dem Zurückkommen so viel Zeit, wie Sie möchten. Kreuzen Sie dann Ihre Arme vor der Brust, das erdet Sie und bringt Sie stärker wieder zurück ins Jetzt.

Ich hoffe, diese kleine Reise hat Ihnen gefallen und es offenbarten sich Ihnen tiefgreifende Erkenntnisse, die Ihnen und Ihrem Pferd von Nutzen sind. Oder die Ihnen vielleicht auch im Leben außerhalb des Pferdestalls dienlich sein könnten? Zu gerne würde ich mich jetzt mit Ihnen darüber austauschen.

Sie haben nun einen sehr intensiven Spiegel Ihrer selbst vorgezeigt bekommen. Haben sich selbst durch die Augen Ihres Pferdes gesehen. Sie haben sich auf seinem Rücken gespürt und Sie sind auch mit der Wahrnehmung Ihres Pferdes für sein Wohlbefinden verschmolzen. Sie können diese Reise jederzeit wiederholen, zum Beispiel, wenn bestimmte Fragen in Bezug auf Ihr Pferd auftauchen, möglicherweise gesundheitliche oder verhaltensprägnante Auffälligkeiten. Für beides können Sie noch diese andere Form der Kommunikation und Information mit einbeziehen.